猴硐的礦業資產研究

瑞芳區猴硐礦業文化產業環境發展經營分析

柯一青　著

作者序

　　在一次偶然的機會中，我接觸了這個遭遺忘且人煙稀少的地區，這個地區給我無限的感動，故希望能將臺灣早期的煤礦產業以一種文化保存與開發觀光旅遊為前提，挑選了瑞芳區猴硐地區作為研究與探討，遠在民國八十二年林詩傑先生即對猴硐地區做了深入的研究及探討，對於十幾年之後的今日，希望藉由對猴硐地區的實地探討及書籍研究能使更多人了解猴硐的過去，亦能響應及重視維護聚落原貌的自然與礦業文化遺留之資產，使更多人能體驗猴硐地區給予我們的省思及感動，由於資料收集有限，內容如有疏漏、錯誤之處，尚祈學者、專家不吝指教是幸。

　　瑞芳區位於臺灣北部丘陵地，其中猴硐地區位於基隆河狹長的河谷之中，在民國五十年代的初期，全世界遭逢了第一次能源危機，在當時國民政府的支持與鼓勵下，猴硐從一個平凡的山區聚落，成為臺灣最大產量的採煤礦場。是臺灣北部煤礦之生產中心，在當時人民平均所得偏低，礦工豐沃薪資吸引許多外地人來此地工作，猴硐地區人口遽增，山區及礦區附近聚集了相當多的外來人口，但在經歷幾次嚴重的礦場災變、礦脈漸漸短缺及環保意識抬頭等因素，礦業終於漸漸沒落終，原本屬於這裡的各種產業也逐漸外移，剩下的只有猴硐原有的寧靜。

有別於現今金九地區的絢麗與燦爛，猴硐地區所擁有的，是種特有的平淡與平靜，走在街道中，隨處可見皆是珍貴的歷史建物及遺產，有著一百六十年歷史的一百階、廢棄已久的瑞三選煤場及聳立於基隆河溪谷中的運煤拱橋、日治時代興建的日本神社、美麗的淡蘭古道及金字碑等，在地方沒落的同時，它們依舊存在，因為它們將為後人見證猴硐地區的歷史。

　　近年來由於懷舊地區觀光旅遊的盛行，吸引許多民眾前往已遭遺忘的地區尋找過去被遺落的記憶，懷舊風雖帶給地區帶來頗大的觀光商機，但亦對整體生活品質與環境生態帶來重大的衝擊，九份即為一個令人省思的例子，電影帶來的效應使地方過度繁榮化及都市化，如此將使這個地區漸漸失去了環境的原貌。隨著這個風潮，臺北縣政府（現新北市政府）於民國九十年八月十七日成立瑞芳風景特定區管理所，包含金瓜石、九份、水湳洞及猴硐地區的各項資源整合與相關發展事務。

　　在臺北縣政府對礦業文化保存及觀光旅遊開發的需求為前提，將於積極修復當地失修的礦坑遺跡及文化資產，其中包括猴硐煤礦博物館及煤礦工人生活起居展示館的規畫，李永展教授指出永續環境規畫的目標必須建構在土地倫理的基礎上，然而如何維護聚落原有的自然與文化資產，使礦區文化特質再現，達到維護環境並使礦區生活重現的目的，實為一大課題，值得檢討與研究，故筆者將 2000年以來蒐集之相關資料彙集成冊，提供環境教育之用。

柯一青

目錄

圖目錄

表目錄

1.　以圖片尋找猴硐地區起源

1－1　基地環境歷史研究及探討

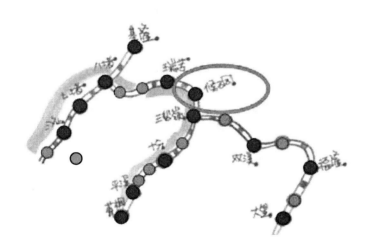

圖 1-1：猴硐地區示意圖

1－1.1　猴硐地名之由來

　　猴硐地區在行政區屬新北市瑞芳區猴硐里、光復里、碩仁里及

弓橋里[1]，位於基隆河上游的南北狹窄的溪谷之中，在此處的基隆河兩岸有比地面高約二十公尺左右的峽谷，地勢相當壯觀，依據當地居民之述說，地名由來是昔日在後山懸涯上方曾經有一個猴子聚集的洞穴，故初名為「猴洞」。

然而猴子在人們入侵居住及礦業開採後遷移深山，再人們無情的捕捉之下猴子逐漸絕跡，居住環境被人類所佔據後，於臺灣光復後不久「猴」字即變成了「侯」字[2]，但這裡並非有侯爵住在此，純脆是為了使用認為較為「高雅」的用語而已。但地名與地方失去了連結，也就失去了意義。

而硐字的來源據說為日治時代日本人在此大量開採煤礦，因礦場忌水，故有水的「洞」字亦更改為出產礦石的「硐」字，雖為迷信的做法，卻也巧妙的把地方產業融入於地名之中，經訪談當地居民，也有人說這裡最早叫做「猿硐」，不管如何可以得知地名的由來與猿猴跟礦產是有關聯性的。

---

1. 猴硐大粗坑山區，早年因採金而形成聚落即為瑞芳鎮大山里，知名導演吳念真就是這裡的人，故當時猴硐地區應包括採金的大山里，但「金」非昔比，大山里裁撤，猴硐已是「金生金逝、煤完煤了」。
2. 在 1920 年（大正 9 年）1 月 27 日瑞芳及猴洞段鐵路開始通車營業，民國 51 年 4 月 1 日將站名改為「猴硐」。

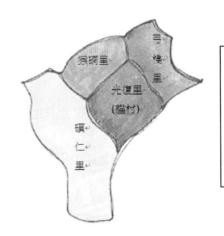

註：
原本猴硐地區應包含大山里，根據民國 90 年出版的猴硐探源，民前廿年探金人許文治首先發現大粗坑的金礦，日治時代租給雲泉商會開採，一直到民國六十年封礦，前後 80 年。

圖 1-2：猴硐行政地區示意圖

註：
民國六十七年大山里走入歷史，礦工舊宅紛紛崩塌，連山間道路都深陷荒煙蔓草中，目前碩果僅存靠近 102 縣道的江宅、賴家雜貨店及猴硐國小大山分校等 3 座殘破的建築物。

圖 1-3：猴硐國小大山分校遺址（大山里）－2004 年攝

註：
瑞三本鑛為瑞三最主要的採礦坑，1940年開採，接近時仍可清楚的聽到流水聲，外觀保存完整並未有破壞，2003年時被當地居民搭設之瓜棚擋住了入口之樣貌。

圖 1-4：瑞三本礦口－2003年攝

註：
1984瑞三本鑛上方明顯有安全第一的宣導左側則為機車及腳踏車停車棚。

圖 1-5：一九八四年瑞三本礦採煤的情形

（資料來源：瑞三礦業公司創立五十週年手冊（瑞三公司提供））

註：
檢身室主要是在管制進出人員並檢查是否有攜帶違禁品，也是避免礦工夾帶坑內有價值品離開的管制哨。

圖 1-6：瑞三本礦口的檢查哨（檢身室）－2003 年攝

註：
檢身室近照，除檢查進出人員外，進出人員確實吊掛牌，也可精確掌握進出的人數。

圖 1-7：瑞三本礦口檢身室－2012 年攝

註：
瑞三本礦內部
部分有脫落現
象，左側有大
量水沿水溝流
出，坑內結構
尚為完整。

圖 1-8：本礦內部狀況－2012 攝

註：
辦事處屋頂已
塌陷，結構尚
屬完整，近年
來已有整修，
供旅客參觀
用。

圖 1-9：瑞三本礦口旁的辦事處－2003 年攝

註：
從選煤場旁煤礦博物館預定地遠望瑞三礦業大樓，大樓為較為現代化之建物，2003 年時內部並無使用。

圖 1-10：瑞三礦業大樓－2003 年攝

註：
民國 72 年瑞三礦業大樓之設計圖實際興建略有修改。

圖 1-11：瑞三礦業大樓設計圖

（資料來源：瑞三礦業公司創立五十週年手冊（瑞三公司提供））

註：
猴硐坑為此區域最早開採之礦坑，1935 年開挖，坑前水泥柱為後來興建之運送土石知混凝土支柱，內部已經塌陷故也未有任何封坑的管制，2012 年相關單位已開始整理此區塊。

圖 1-12：猴硐坑－2003 年攝

註：
復興坑為最晚開採的礦坑，運送至選煤廠的距離也最遠，目前洞口保持仍為完整，但也因距離太遠，一般遊客較少到此區域。

圖 1-13：瑞三煤礦復興坑－2004 年攝

註：
復興坑1983年開始開採，屬較晚開採之礦坑，內部結構完整，當時屬相當先進之礦坑。

圖 1-14：瑞三復興坑舊照

（資料來源：瑞三礦業公司創立五十週年手冊（瑞三公司提供））

註：
由於疏於維護早已雜草叢生，鐵棚架現也已被拆除，整體環境缺乏較有效之利用。

圖 1-15：瑞三煤礦復興坑事務所－2003 年攝

註：
這是一個有趣
的運煤隧道，
內部潮濕且部
分滲水，如可
配合較有趣的
設計，具有相
當的潛力。

圖 1-16：通往復興坑途中運煤隧道－2004 年攝

註：
從另一端拍攝
通往復興坑途
中的原輕便鐵
路 的 隧 道 現
況，內部陰濕
僅可供機車出
入，汽車經過
十分勉強。

圖 1-17：另一個出口看輕便隧道－2003 年攝

註：
1983 年復興坑所有設備都還在最佳的狀態，煤車在馬路上行駛爲當時特殊的地方現象。

圖 1-18：猴硐路行駛運煤臺車情形

（資料來源：瑞三礦業公司創立五十週年手冊（瑞三公司提供））

註：
土地公爲礦工的精神信仰所在，大部分礦工進坑前都必須先膜拜，棚架爲後期搭設。

圖 1-19：復興坑旁的土地公廟－2003 年攝

註：
由於復興坑地
勢較高未受納
莉颱風影響，
保留較為完
整，類似軍營
規畫的浴室，
門口仍不忘激
勵員工增產報
國。

圖 1-20：復興坑旁的礦工浴室－2003 年攝

註：
2003 年門前清楚
寫著設備由公會
補助,但內部機械
都已不知去向。

圖 1-21：復興坑旁的廢棄機房－2003 年攝

註：
內部大型機具
設備已經被拆
賣，內部已無
設備，2003 年
閒置中所拍
攝。

圖 1-22：復興坑旁的廢棄庫房－2003 年攝

註：
機車原由此庫
房開始行駛至
路面，已鋪設
柏油，只留下
軌道之痕跡，
現則已無痕
跡。

圖 1-23：瑞三本礦旁之機車庫房－2003 年攝

註：
庫房外的精神
標語說明了當
初勞資合作、
產煤裕國的合
作精神，也帶
動了當地的發
展與繁榮。

圖 1-24：機車庫房側面－2003 年攝

註：
一是寫著注意
安全的重要，另
一則是介紹當
季的電影。員工
除了工作外看
電影也是「福
利」之一，近年
以洗石子重新
施作，但已漸失
去原有的歷史
痕跡。

圖 1-25：庫房外的精神標語－2003 年攝

註：
猴硐地區最特別的
就是這座橋，是為
了聯絡「復興坑」
所建的，橋上還有
運煤鐵道遺蹟，但
是由於年老失修
2003 年時已經是一
座危橋了，近年來
已有重新塑造，並
加上玻璃元素。

圖 1-26：運煤橋－2003 年攝

註：
2012 年重新整
理的運煤橋，橋
面已整理平整。

圖 1-27：整理後的運煤橋－2012 年攝

註：
2003 年選煤廠正面仍屬完整，內部木結構部分則已塌陷，目前保持原有樣貌，但瑞三礦業字樣已漸不明顯，損壞嚴重。

圖 1-28：選煤廠－2003 年攝

獅仔嘴奇岩

註：
從這個角度看山、水、橋，為一相當美的畫面，許多畫家以此為景（如劉洋哲）。

圖 1-29：選煤廠及運煤橋（跨河橋）－2002 年攝

註：
後因興建博物館案暫緩，預定地一直無任何建物，此為 2002 年空曠中之情況，後續則無施作博物館之計畫，計畫的停擺一度引起議員的不諒解。

圖 1-30：臺北縣政府原研擬之煤礦博物館預定地－2002 年攝

註：
2012 年於願景館現場放置之猴硐地方模型。

圖 1-31：猴硐地區之模型－2012 年攝

註：
山區聚落多為臺
鐵的員工居住，
其實並非屬礦區
內，也就是近年
來吸引許多觀光
客的貓村。

圖 1-32：由原博物館預定地遠眺山區聚落－2003 年攝

註：
原本用手寫的
精神標語近年
已被洗石子及
電腦字所替
代，與原有的感
覺相去甚遠。

圖 1-33：遠眺選煤廠及運煤橋－2003 年攝

註：
山區部落必須
經由天橋始可
到達，這張相
片可以明顯看
到選煤廠與山
區聚落（貓村）
及猴硐車站之
關係。

圖 1-34：選煤廠與山區聚落及猴硐車站之關係－2003 年攝

註：
瑞三選煤場與猴
硐車站鄰近從圍
牆邊可清楚看到
瑞三的大招牌，
招牌並非國裕煤
產 而 是 產 煤 裕
國。

圖 1-35：選煤廠側面－2003 年攝

註：
從猴硐車站附
近可清楚看見
瑞三選煤廠，前
方建物爲以前
之猴硐旅社，後
爲文史工作室。

圖 1-36：猴硐旅社舊址－2003 年攝

瑞三本礦機車庫

舊吊橋遺跡

註：
狹長的山谷及
特殊的石穴也
是這裡的特色
之一。

圖 1-37：猴硐遠眺三貂嶺方向－2003 年攝

瑞三礦業大樓

註：
橋樑基礎為日治時代的結構物，日治時代的運煤橋為鐵橋形式，1920 年春季完工。現所見的為 1965 年 8 月 10 日竣工的 RC 橋。

圖 1-38：近照跨河橋（運煤橋）實景－2004 年攝

註：
經過多次災害無情的侵襲吊橋幾乎全毀，現已看不出吊橋的模樣，原吊橋 1940 年興建，目前並無復原之打算。

圖 1-39：吊橋遺跡－2003 年攝

註：
此為老吊橋遺跡，曾經繁華一時的猴硐，此吊橋乃為當時居民主要的聯外主要幹道，隨著繁華落盡，橋柱也顯得斑駁，僅供後人憑弔之。

圖 1-40：老吊橋舊景－2002 年攝

註：
吊橋基座仍保存良好，這個吊橋的特點是在中間還有支撐點立在石頭上，這是全台吊橋所少有的形式，更具有保留的價值。

圖 1-41：瑞三本礦側吊橋遺址－2003 年攝

註：
2004 選煤廠內還有機車的存在，爲僅存少數的機械設備，近年已經不知去向。

圖 1-42：選煤廠裡停的機車頭－2004 年攝

註：
瑞三本礦口旁
機車庫房，處
處寫著警告標
語，時時提醒
礦工們注意安
全。

圖 1-43：機車庫房－2003 年攝

註：
重新洗石子
後的機車庫
房。

圖 1-44：機車庫房改造後現況－2012 年攝

註：
近年此建物
已整修，為
一相當有特
色之日式建
築，原為選
煤場辦公
室，現整理
為願景館。

圖 1-45：選煤廠辦公處－2004 年攝

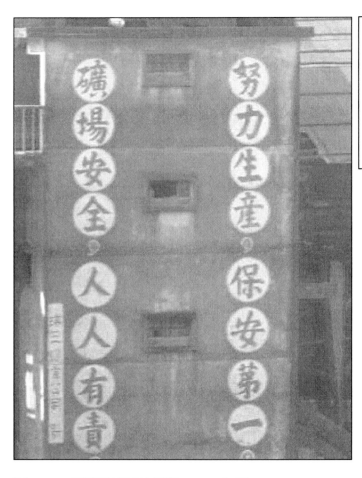

努力生產，保安第一。
礦場安全，人人有責。

註：
近年此建物外牆已整修，並將精神標語改為電腦字，似乎已破壞了原貌。

圖 1-46：原選煤廠精神標語－2002 年攝

註：
從復興坑遠
眺於經基隆
河旁的礦工
工寮。

圖 1-47：礦工工寮－2002 年攝

註：
2002 年礦工
工寮內已無
物品，窗戶都
被拆除。

圖 1-48：礦工工寮內部－2002 年攝

註：
礦工宿舍被稱為
寮仔，在猴硐有內
寮仔、三座寮、五
座寮、番仔寮、美
援厝，都是工寮。
早期多數以木板
隔間，木牆上開一
小洞裝電燈提供
兩戶使用，廚房、
浴室及廁所也是
共用。

圖 1-49：礦工工寮的爐灶－2002 年攝

註：
礦工宿舍整理後被
加上鋼骨的元素，
部分外牆被粉刷。

圖 1-50：整理後的礦工工寮－2012 年攝

註：
礦工宿舍之番
仔寮，顧名思義
就是原住民居
住的寮舍。

圖 1-51：整理前的番仔寮－2002 年攝

註：
番仔寮整理後
現並無使用但
是外觀已明顯
改變。

圖 1-52：整理後的番仔寮－2012 年攝

註：
木工室內的
廢棄機具。

圖 1-53：木工室內部狀況－2002 年攝

註：
外部漆黑的
員工宿舍，內
部為木板隔
間，十分簡
陋，現仍有部
分居民居住。

圖 1-54：外部漆黑的員工宿舍－2002 年攝

註：
外牆應是塗抹類似柏油之類的防水材，內部為一長廊兩側為房間，黑暗而簡陋。

圖 1-55：此類型宿舍共有兩座－2002 年攝

註：
浴室內有著提醒安全的標語，整個形式類似軍營。

圖 1-56：員工浴室－2002 年攝

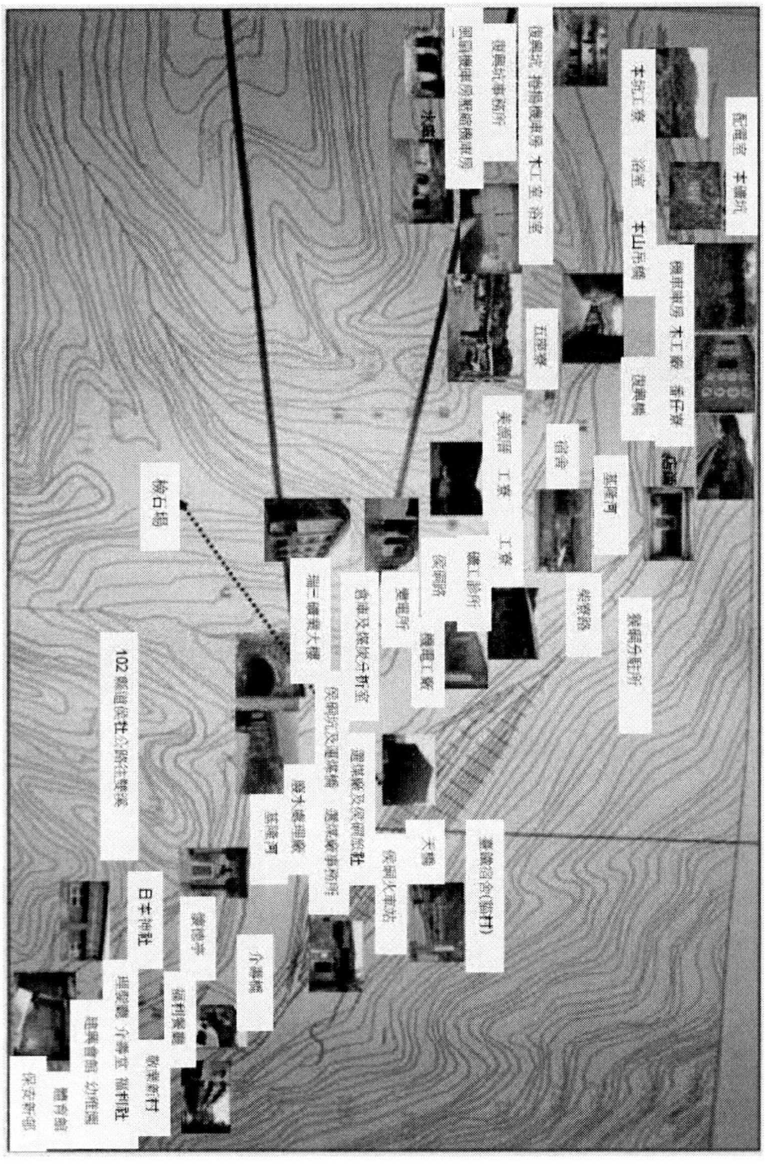

圖 1-57：猴硐地區相關地形套繪圖－本研究整理

1－1.2　猴硐地區礦業以外之景點

　　聽當地人說，從前猴硐確實是有很多的臺灣彌猴，牠們多聚集在金字碑一帶的山洞中。更早以前，猴硐是通往宜蘭必經之地，有句俗語：「爬過三貂嶺[3]，就不敢想家裡的老婆跟孩子」指的就是附近地勢相當險要，終年籠罩在雲霧中，充滿神祕的色彩，又加上當初此處土匪出沒無常，更使這些從「前山」到「後山」[4]墾拓的先民提心弔膽。清朝同治年間臺灣總兵劉明燈[5]行經此處前往宜蘭地區巡視，在峭壁上立碑做紀念，據說當時還特別做貼金處理，據說這就是這裡有名的「金字碑」的由來，碑文反映出此嶺道之地勢高竣，使人眼界大開，飽覽雞籠山頭的積雪，也俯瞰到北關高低羅列之城池雉堞，一望無際的阡陌良田，連綿不絕的古樹深蔭。其中的「鯨鯢」指的是 1867 年 3 月（同治六年二月）的羅發號（Rover）事件[6]。因當時到蘭陽平

---

3. 宜蘭戲曲家林茂賢所填民謠〈串調仔〉內容如下，「唐山艱苦歹討賺，千里跋涉過台灣。聽講後山無人管，三籍計較噶瑪蘭。頭圍莊，九芎城，水分清濁，高山罩茫。三貂嶺，艱苦行，天邊海角賭生命。」可見得當時三貂嶺地勢之險惡。
4. 臺灣之山後（中央山脈），又名後山，即指臺灣東部。
5. 劉明燈清穆宗同治五年（1866 年）奉旨接任曾元福擔任臺灣總兵。現在雄鎮蠻煙碑、虎字碑及金字碑，都是劉明燈巡防臺灣所立的碑文，並且是他親筆所提墨寶。
6. 清同治年間，因美國船難者遭到原住民殺害（出草），美軍自行派兵攻擊臺灣原住民部落的事件。

原去討生活的人相當多，就像有些人相信要走草嶺古道[7]前先到大里天公廟[8]參拜將可平安到達後山，也就是向「天公」借膽以祈求平安之訴求。

金字碑登山口位於北卅七線道往雙溪區途中，位屬猴硐地區的弓橋里，從登山口約走四十分鐘後，即可見到清代立碑的金字碑碑文，現已被登錄為二級古蹟，離立碑不遠處，還有一塊清咸豐六年的「奉憲示禁碑」，為臺灣早期的環保碑文，內容多字已不清楚，內容主要為勸阻民眾不要砍伐樹木，因後在此處施作涼亭，現為登山客休憩景點。

---

7. 連接新北市貢寮區遠望坑與宜蘭縣頭城鎮大里山區的步道，屬古代淡蘭古道一部分。
8. 即宜蘭頭城草嶺慶雲宮：宜蘭縣頭城鎮石城里濱海路七段 33 號。

註：
同治六年(1867)冬，劉明燈有感於先民開疆拓土之艱辛，與山道雄偉磅礴之風景，乃題下「金字碑」、「虎字碑」、「雄鎮蠻煙碑」供人瞻仰，金字碑文：

> 雙旌遙向淡蘭來，
> 此日登臨眼界開。
> 大小雞籠明積雪，
> 高低雉堞挾奔雷。
> 穿雲十里連稠隴，
> 夾道千章蔭古槐。
> 海上鯨鯢今息浪，
> 勤修武備拔良材。

圖 1-58：金字碑－2004 年攝

註：
石碑字跡部分已斑駁難辨，僅可看出「署臺灣北路淡水總捕府」及「咸豐元年五月」等字，涼亭旁草叢堆處還有一座旗台殘跡。

圖 1-59：奉憲示禁碑－2004 年攝

猴硐這裡還有著著名的淡蘭古道[9]，據記載最初爲平埔族[10]人因狩獵而踏出之山徑，後因墾民東移拓荒而漸漸成爲必要道路。清嘉慶十五年淡蘭古道成爲入蘭之「官道」[11]與「正道」，商旅及食貨往返必經之道，現爲登山遊憩之去處。

註：
瑞芳鎮（區）公所施作砌石步道後，古道原貌已有改變。

圖 1-60：淡蘭古道－2004 年攝

---

9. 即指清朝淡水廳到噶瑪蘭廳間(現臺北到宜蘭)的主要道路，早年基隆河航運頂多只可到達暖暖，均由此處再將貨物再次轉運，先人循著早期凱達格蘭原住民人的路徑，攀過「三貂嶺大山」及「草嶺山區」到達頭城。淡蘭古道現今僅存了三貂嶺金字碑古道，草嶺古道和隆嶺古道三段。
10. 平埔族群是對居住在臺灣平野地區各南島語系原住民族群的總稱。這些族群被日本人及清朝人稱以「平埔番」及「熟番」等名，現已廢除此稱號。
11. 官府的文書傳遞及官員的送往迎來之道路。

註：
位於猴硐一百階
附近，柱上有標示
瑞三礦業公司供
奉公園字樣。

圖 1-61：日本神社牌樓－2003 年攝

註：
日本神社已不復
見，僅留下空蕩
的小屋，上方涼
亭及許多大理石
座椅為後來施作
的，近年來有施
作部分木作美
化。

圖 1-62：日本神社木製鳥居－2003 年攝

註：
日本神社早
已不復見，設
置類似的裝
飾似有錦上
添花的感覺。

圖 1-63：新施作之類似燈的護欄－2012 年攝

　　日治末期（1926－1945 年），日本為實現其「大東亞共榮圈」
構想[12]，內部軍國主義勢力興起，也為了提高臺灣人民對日的向心
力，對臺灣實行「皇民化政策」[13]，為其戰爭的意識型態作前置準備，

---

12. 1940 年 8 月，近衛文麿首度明白指出「大東亞共榮圈」的名稱，及
　　指明大日本帝國（含扶植政權、滿洲國與殖民地臺灣、朝鮮）、中華
　　民國、法屬中南半島、荷屬東印度、英屬印度、英屬馬來亞（包括
　　新加坡）、英屬香港、英屬婆羅洲地區（包括砂撈越與汶萊）及新幾
　　內亞、澳洲、紐西蘭等大洋洲地區與蘇聯西伯利亞東部為大東亞之
　　範圍。大東亞共榮圈中，日本本國與滿洲國、中國（汪精衛政權）
　　為經濟共同體。
13. 即日本化運動，指自甲午戰爭至第二次世界大戰期間，日本對本國
　　少數民族以及殖民地族群施行的一系列同化政策，主要影響地包括
　　朝鮮、琉球、臺灣與滿洲等地。

神社即被利用爲思想推廣與軍國主義的教化場所。1930 年，臺灣總
督府通令各州廳需加強取締未申請而建立的寺廟及齋堂。1934 年，
總督府確立「一街庄一神社」的政策[14]，將神社設置於地方教化的中
心地區，促使所有家庭供奉伊勢神宮之大麻[15]。1936 年日本政府開
始寺廟整理的工作，部分本土寺廟被迫關閉或被改爲日本佛教說教
所，這種手段到了 1937 年七七事變後演變到最高點，除強制臺灣人
民前往神社參拜外，並舉行各種戰爭祈願。日治末期在臺的神社共
計六十八所[16]，依據統計都是 1934～35 年以後興建的，猴硐神社則
在 1934（昭和八年）時期所興建供奉日本天照大神[17]。國民政府遷
臺後急著抹去日本統治的痕跡，選擇大量摧毀及改造（多改爲忠烈
祠），猴硐神社也難逃威權的摧殘，其實對臺灣人民而言，日本政
府離開後，換來的只是另一型態的威權統治，在生活並上無太多的
改變[18]。

---

14. 因為統治初期神社信仰在臺灣十分的薄弱，非官方強力干預無法成
    立，而且戰爭日益白熱化，神社建造與日後維持費用的籌措、物資
    及勞力甚至神社神職人員的調度，也更加困難。一直到 1945 年戰爭
    結束建立的官方公認神社數雖然達到 43 所，但距離「一街庄一社」
    的情形還有相當的差距，只能說約略達成「一郡一社」的情形。
15. 伊勢神宮所頒布之神札亦稱為大麻，朝對象之人或物而搖動，據說
    可藉此將穢轉移至大麻之內。
16. 參閱中央研究院網站資料。
17. 天照大神，亦稱天照大御神、天照皇大神及日神，據稱為日本神話
    中高天原的統治者與太陽女神。
18. 經訪談當時日本撤台後日本旗也曾被利用當小孩的褲子，看起來就
    向猴子屁股紅一樣，而青天白日旗則因部分民眾誤解為太陽下山的

註：
與日本神社相
距約兩百公
尺，相傳為
1910年呂姓墾
戶所砌，原本
為相當有古意
的石階，由於
古蹟修復的觀
念缺乏，現已
成為了水泥石
階。

圖 1-64：猴硐一百階－2002 年攝

紅日，將其掛反了，顯見民眾對國家認同已經混亂了。

註：
據說九芎橋從前是以九芎柴所構成的橋故名為九芎橋，現已改建為鋼筋混凝土橋面。

圖 1-65：於九芎橋上拍攝的猴硐社區－2002 年攝

註：
為瑞三礦業當時興建的員工宿舍，所謂員工並非礦工，而是職員。

圖 1-66：瑞三保安新邨－2002 年攝

註：
民國 72 年瑞
三保安新邨新
建（瑞三員工
之宿舍）之情
形。

圖 1-67：瑞三保安新邨舊照

（資料來源：瑞三礦業公司創立五十週年手冊）

註：
現瑞三福利餐廳目前仍有
營業，但招牌已更新，當初
為瑞三礦業員工福利餐廳。

圖 1-68：瑞三福利餐廳－2003 年攝

註：
本礦附近的舊
砌石店舖，除此
之外也有以木
片編號組裝的
大門形式。

圖 1-69：舊舍－2004 年攝

註：
所有礦工建築物
這間最為特別，
現仍有居民居
住，為傳統石砌
房舍。

圖 1-70：石砌的礦工診所－2012 年攝

註：
近年在瑞三本礦附近所
豎立的礦工像，再礦業象
徵如此濃厚的地方，建立
如此之礦工像在這裡似
乎有點畫蛇添足。

圖 1-71：瑞三本礦附近的礦工像－2004 攝

1－2　猴硐瑞三煤礦的興衰史概述

　　瑞三礦業公司創辦人為李建興，1891 年生於平溪，八歲即赴外
鄉牧牛，半年後返家入私塾。1916 年進入猴硐王寶勝經營的福興碳
礦[19]擔任書記，翌年公司改組，加入股東協助辦理坑內外事務，並專
心研究礦業的經營，為股東器重而擢升為總經理[20]。

---

19. 1919 年（大正 8 年）猴硐「福興碳礦」為三井「基隆碳礦」合併，
　　李建興轉業當包頭承攬採礦。
20. 內容參閱李氏自述內容：民國五年一月，余來猴硐王寶勝翁所營之
　　福興炭礦公司任書記，時年二十六，翌年該公司股份改組，余亦加
　　入股東，協助寶勝翁辦理坑內外事務……在家協助耕作，辛勤三載，

　　1918 年，日商三井公司成立基隆炭礦株式會社[21]，收購小礦予以大加建設成臺灣全島之首礦。李氏充當包商承包工作，一面擴展包商業務並自營官眞林、白石腳、同芳、大豐、德成及德和等礦區。據說李氏是因為歸還三井公司所溢發的工資而受日人信賴，故得以承包，但也不排除為後人將其神格化的可能性。1930 年至瑞芳街，建立「義方商行」為營業所[22]，1934 年自創瑞三礦業公司，承包三井在猴硐的礦場，採掘成績斐然，但也因樹大招風引來日本政府的注意。

　　1940 年日本警察以李氏家族及礦工謀反通謀為由，逮捕五百多人，其中三百多人死於獄中，金瓜石名人黃仁祥[23]便是因此次案件，後因世界大戰被美機砲彈炸死於臺北監獄中，李建興其弟李建炎也因此案病死於臺北監獄中，為五二七思想案[24]，為瑞三礦業的一大劫難。

　　兩歲歉收，颱風為災，蟲賊滋害，損失慘重，不得已，棄農務礦，即民國五年一月初，任猴硐福星碳礦書記……。
21. 1918 年，顏家（顏雲年）與藤田組合資成立「臺北炭礦株式會社」」（但由三井擁有實際經營權），但在 1920 年，藤田組將所持有的 60% 股份全部讓售與顏家；顏家與其他合夥人於當年 9 月，將臺北炭礦會社改組為「台陽礦業株式會社」。
22. 逢甲路 29 號為昔日瑞三礦業的總部，創始人李建興在發達後由平溪遷來瑞芳的發源地。
23. 金瓜石礦山總包工業者。
24. 依據臺北文獻北臺人物傳—附碑傳資料迨二十九年，抗戰方熾，邑紳李建興家族，罹五二七大獄，越二年，日吏竟以仁祥與建興為莫逆交，誣以產金區抗日魁首，私通祖國罪，偕所隸數十人，悉陷獄中，歷遭毒刑……即為 1940 年五月二十七日，日本這一事件被稱為（五二七思想事件）。

　　臺灣的煤本就蘊藏深而煤層薄，李氏承包猴硐礦業時「本層」早已開採殆盡，只好試著再開採「下層」，雖成功完成下層煤之開採，但因煤質不佳（煤層中間有夾石）十分困擾，故再聘請日本技師千千和壽設計裝置選煤機，結果成功改善煤產品質，這是原承包的日人所無法預料。臺灣光復之後，他由謀反通碟的抗日份子轉身成為抗日英雄，其瞭解事業經營與執政者間的巧妙關係，他參加「臺灣光復致敬團」[25]觀見蔣介石，返台之後成為首任官派瑞芳街街長，同時他買下猴硐所有的礦權和設備。

　　1939 年猴硐再開發「最下層」，坑口至深處約達九千二百尺，採礦深入「最下層」，是臺灣煤業之創舉。日治時期全省煤產即有七分之一出自瑞三煤礦，當時除了瑞芳三坑外，另有武舟坑及士林瑞三炭礦。戰後此地煤產更加重要，更曾將瑞三礦業所產出之煤運往上海以解煤荒。

　　1947 年二二八事件時，李家被外省官吏指為叛亂分子，險再度

---

25. 經商討研議後，該團由省議員林獻堂擔任團長，團員及其工作人員分別為李建興、林叔桓、鐘番、黃朝清、姜振驤、張吉甫、葉榮鐘、陳逸松、林為恭、丘念台、陳炘、陳宰衡、李德松及林憲等。感恩團名單確定後，經該團成員商討後，決定取消「感恩團」名稱，改為「臺灣光復致敬團」，而光復的意思即為「臺灣光榮回復到中國領土」。

遭逢困境。後在白崇禧[26]協助下，李家才免於其難。

從此李建興建立起良好的政商關係，在瑞芳的總公司義方商行的客廳，仍可看到許多政要首長贈送的匾額及對聯，也在此基礎下縱橫商界。據傳民國 38 年蔣介石甚至有意派其出任臺北市長，但因李進興之母反對，則作罷。民國 40 年其弟李建和則進入臺灣省議會擔任議員，其後李儒聰[27]、李儒將[28]及李儒侯[29]也都曾擔任公職。

註：
現經營建材及其他投資，瑞三部分即爲財團法人瑞三礦業公司社會福利基金會。

圖 1-72：義方商行－2004 年攝

26. 白崇禧（1893 年 3 月 18 日－1966 年 12 月 2 日），中國廣西臨桂縣人，中華民國國民革命軍一級上將，曾有「小諸葛」之稱。其認李進興之母白氏為乾媽，顯見兩家之關係。
27. 李儒聰，李建炎之子，李建興、李建和之姪。曾任臺北縣議會議員、議長，後代表中國國民黨在臺灣省第一選區當選為第一屆增補選立法委員。
28. 臺灣省議會第七屆議員，經歷基隆客運常務董事、建基煤礦監察人、救國團瑞芳團委會常務委員。
29. 臺灣省議會第五、六屆議員。

圖 1-73：義方商行大門－2004 年攝

註：
義方商行的由來：
「義方」二字緣自
《三字經》的內
容：「竇燕山，有
義方，教五子，名
俱揚。」李建興有
五兄弟，故取此
名，以爲勵志。

圖 1-74：義方商行走道－2004 年攝

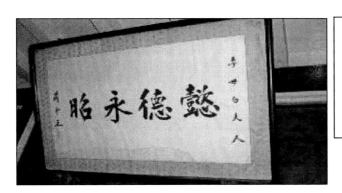

圖 1-75：義方商行區額－2004 年攝

註：
民國五十四年蔣介石看上李家陽明山土地，李家捐出相關土地獲得招見表揚。

圖 1-76：李家與蔣介石合照

（資料來源：瑞三礦業公司創立五十週年手冊）

註：
蔣經國任總統後前往猴硐巡視情形。

圖 1-77：蔣經國至猴硐巡視

（資料來源：瑞三礦業公司創立五十週年手冊）

圖 1-78：李登輝至猴硐巡視

（資料來源：瑞三礦業公司創立五十週年手冊）

註：
時任臺灣省長
的李登輝前往
猴硐巡視情
形。

1－3　地方士紳記憶中的礦業（俞金朋先生訪談回憶錄）

　　民國 38 年政府被迫遷臺，臺灣全面處於戒嚴的緊張情勢，在當時臺灣湧進許多大陸新移民[30]，暫因各種因素無法反攻大陸，據說國軍將領即藉由打獵。來發洩無法消滅萬惡共匪[31]的不甘情緒，當時白姓及何姓將軍便經常於臺灣北部山區一帶打獵，當地士紳之一的俞

---

30. 1949 年後因國共內戰失利而隨國民政府遷臺的大陸居民為最大的移民潮，約為兩百多萬人。

31. 此名詞主要用在中華民國政府與中共（包含國共內戰後建立的中華人民共和國）嚴重對立的時期。

金朋先生由於對地方地形十分瞭解，輾轉建立起與執政者之關係，本章節簡略述說俞先生傳奇的一生。

俞金朋先生，民國 19 年生，走過日治時代及政府遷臺兩個世紀的傳奇人物，日治時代其與父親於雙溪河釣捕香魚供日本人食用藉以換取豬肉或米飯，政府遷臺後即被徵招參與激烈的八二三砲戰[32]，退伍後作過礦工擁有許多礦工的寶貴經驗，並以礦工所得之豐沃薪資，加上特殊得政商關係轉身投資爲「九孔大王」，再藉有土地之買賣轉身成爲大地主，現擁有東北角風景特定區甲種旅館預定地[33]之產權[34]，據說當時藉由煤業而發跡的相當多。

在當時除了白姓與何姓將軍外仍有一個重要人物，那就是當時他們口中的太子，在當時社會中其角色就如帝制時的皇太子，據稱其與俞金朋先生私交甚篤，但在幾年後據說太子在得到不明的疾病後即未再出現。

---

32. 是指 1958 年 8 月 23 日至 10 月 5 日之間，發生於金門及其周邊的一場戰役。
33. 東北角風景特定區原本就有編定 38.53 公頃的甲種及乙種旅館用地，目前卻只執行 3 公頃。
34. 新北市貢寮區田寮洋段入桂小段 45 地號等土地，為至靈鳩山宗教園區左側土地，為尚未開發之甲種旅館預定地。

註：
民國41年俞先生22
歲時即展現意氣風
發之姿。

圖 1-79：俞金朋先生——俞先生提供

註：
民國48年俞先生入
伍並參加 823 炮
戰，當時國軍仍有
騎馬作戰之情形。

圖 1-80：俞先生當兵戎裝——俞先生提供

註：
民國 44 年於暖暖東勢坑拍攝，左 1 為司機，中間肩槍者為當時的太子，後為其座車，立者個子較為嬌小的即為俞金朋先生，當時圍觀的小孩連鞋子都沒得穿，可見得當時臺灣社會之現象。

圖 1-81：民國 44 年打獵圖——俞先生提供

　　經俞金朋先生口述：當時（約民國四十年至五十年間）當礦工每天薪水大約一百五十元左右（約挖出生煤一頓），在當時算是相當高薪的工作，想要當礦工還要走點後門，一般分成兩種班別，一種是發掘煤礦的（炸坑）的工班，另一種是把被發掘的煤礦運送出來。前者一趟下去就要炸一個洞，礦工先用鐵鎚及鐵器或鴨頭仔[35]敲把牆敲成一個大約直徑五公分左右深三十公分左右的洞，然後將長鐵條（磅枝[36]）放進洞裡，開使用人力敲撞，撞到鐵條只剩十幾公分在洞外，所費時間大約需要四、五個小時，完成之後開始準備炸藥串聯在電線

---

35. 鴨頭仔是閩南語的俗稱，即風動破碎機的意思。
36. 一組有好幾支，大小尺寸不同，用於打洞以便放炸藥。

上，然後放進放長鐵條的洞裡，留一點線頭在外面，然後快速點燃，人就開始跑，如跑不夠快可能就慘了，可能就被塌下來的岩石壓傷，等炸完後，避開煙霧氣體，然後拉鈴通知洞外的人，就會放空煤車子下來載岩石出去了，當然岩石上車這個動作一樣是洞內的人要做的，全運出去至棄土場這班人的工作才算完成，一般大約是早上六點半到下午兩點半出坑。炸開作業完成發現礦區後，另一組的人在進來開採，因為煤層都有煤氣，所以一有火苗馬上會引燃爆炸，仍然具有相當之危險性，一般大約是下午 2：30－晚上 10：30。一天分成兩班至三班，早上和下午（有時晚上仍需施作），進去的時候用運煤車載人下坑，然後大約每五十公尺放一個人進行前述之爆破工作，爆破後將剩餘土方運至棄土場，採礦者再將煤礦送至選煤場，採礦階段即告完成。瑞三礦業煤產量及品質雖曾冠蓋全省，但因長久的採煤，剩下的產量不多，加上人工缺乏，工資又高，抗爭及職災的發生與勞安環保意識的抬頭下，猴硐地區業於 1980 年底，全部封坑結束煤業生產。

　　早期礦業地區很多小孩都會聚集在礦坑附近檢拾煤礦，撿到的煤礦可變賣貼補家用，所以每到礦工出坑時常聚集許多小孩前來搶拾煤礦，有時許多礦工也會都下一些煤礦給這些小孩。在當時臺灣社會普遍貧困的當時，甚至許多小孩必須被家長逼著來拾礦，據說在基隆河附近也會有些人在撿拾送至選煤場洗煤後遺留下來的碎碳，可見得當時煤碳就像黃金一樣值錢。

　　瑞三的由來因為其為瑞芳三坑之意（瑞三本礦坑、猴硐坑及復

興坑）。最興盛的時期是以水平坑的方式來採煤，之後則是利用坑內斜坑約以六十馬力的電動捲揚機拉起的碳車，不同深度的斜坑有不同的捲揚機，將坑內約 100 公尺，坑外 800 公尺的電力火車頭拉到選碳機的所在位置。是當時臺灣唯一能夠一天處理 5000 噸煤礦的選碳機，其水洗式的選炭方式較傳統的乾式分級與挑選的煤炭品質更好，每天 800 名的勞工大約可以採出 300 噸左右的煤礦，精選出來的商品碳就直接由猴硐車站內的專用貨車匯集起來透過鐵道網路運往各地。最顛峰時期煤產量為民國六十五年的二十二萬二千公噸。

　　採礦初期當時環保意識尚未抬頭，運煤所產生的煤塵污空蔽日，附近建物屋頂皆有都有一層煤灰。舊有的高空運煤鐵橋，當地民眾稱它為三層鐵橋，是大正九年（1920 年）日本人為了配合火車通車，完全是為了跨越基隆河運煤而設計興建完成的，為鐵架構造並非 RC 結構[37]。鐵橋橋面鋪設木板，木板上架設運煤臺車鐵軌。由「三分仔火車頭」牽引運煤臺車[38]，送至選煤場內選煤、整煤及洗煤然後裝載在煤炭專用貨車廂經火車運到港口。三層鐵橋除了運煤外，也提供民眾做進出車站的通路，現在所看到的鋼筋混凝土高空圓弧拱橋，是瑞三礦業公司於民國五十四年八月十日參考日本設計重新興建完成命名為「瑞三大橋」，前因年久失修禁止通行十多年，入口長年立「危橋請勿通行」的招牌，但民眾仍強行通

---

37. RC 即鋼筋混凝土構造。
38. 三分仔為機動小火車（俗稱三分仔車，猶如今天太平山遊樂區內的早年運材「硼硼車」。此外運送鹽的小推車，也是三分仔。

行多年，結構上石造橋墩爲當時鐵橋的基礎留用，近年終於整修完成。此瑞三大橋與選煤廠從日治時代至今一直都是猴硐的地標建築。

　　所謂的礦車其實礦場是有班車時刻表及乘坐人數的限制，平溪部分則多以電車來運輸，上方有類似以前現代化高壓電車的感應線圈，在猴硐則以柴油車爲主，山區開採的礦場則有倒地流籠的設置，依賴礦業的火車其實當初有很多線，例如海濱的人都是坐台金線的小火車，上午下午各一班可載 60～70 人，線臺灣北部僅剩平溪線鐵道，平溪線共七站六個隧道，全長 13 公里，民國 10 年由台陽公司投資興建，當初約有 10 多個礦場，所需日用品都由煤車運來，更多爲混合列車混送民生用品，當時火車進站汽笛聲響大會嚇到小孩，蒸氣火車進站要加水，當父母的去要一點火車水，給小孩喝了以後，據說就不會再怕汽笛聲了。

圖 1-82：選煤機尚完整時相片

（資料來源：瑞三礦業公司創立五十週年手冊）

2. 臺灣北部煤礦之研究

2－1　臺灣煤層地質分布狀況及發展史

　　瑞芳區猴硐地區相傳早在一千一百年前「凱達格蘭」[39]文化時期就發現了煤礦，在八里發現的十三行遺址[40]有使用煤的遺跡，荷蘭佔據臺灣北部時也多有所傳聞，至清朝時清廷令禁止開採，用所謂「恐傷龍脈」的說法禁止挖煤，所以此時採礦是屬於私採為主[41]，一直到了 1870 年，清廷開放了臺灣的煤禁，並於 1874 年引進新式的採礦設備，才開始有真正的採礦事業可言。

　　自 1840 年代起，臺灣北部的煤礦引起英國、美國及法國等列國

---

39. 凱達格蘭族（Ketagalan）為平埔族原住民，分布於淡水、臺北、基隆和桃園一帶。
40. 該遺址位於今新北市八里區淡水河海口交界處的南岸，挖掘出陶器、鐵器、墓葬等各類豐富的史前遺物。該遺址的主人生存於距今約 1800 至 500 年前，在文化上屬於台灣史前時期的前鐵器時代，是目前台灣確定幾乎接近擁有煉鐵技術但功虧一簣的史前居民。
41. 清朝乾隆年間，以開挖既甚恐傷龍脈為由，禁止民間私自開採礦產（淡水廳志，賦役志）。

的垂涎，因爲當時遠洋船隊都必須以煤炭做爲燃料補給，因此使用各種威脅利誘的手段，加入追逐臺煤的行動或者參與煤礦的探勘，企圖奪取已探的煤礦或未探地區的礦權，所以此時可知道的是臺灣煤礦的開採可以說和外患及戰爭有所關係。

日治時代，日本人即開始努力經營基隆河流域的各個煤礦，所以基隆河流域煤礦事業在廿世紀初期，開始邁入企業經營和機械開採的階段。到日治時代的日本人開採該區礦產到戰爭結束後臺灣光復，在李進興先生全面接收開採運作後將礦業攀向高峰，到後來的衰退及沒落，充滿了臺灣經濟發展的奇蹟及努力，臺灣的煤礦百分之七十在臺灣北部，煤礦曾帶來瑞芳各地區之繁華與繁榮，也是帶領臺灣經濟發展的動力。

從瑞芳地區各類產業的就業人口資料來看，作爲主要產業的二級產業，猴硐地區煤層厚度約０·２５～０·７０公尺，並非十分厚實的煤層。在民國 65 年之前，礦業的就業人口比率大於製造業，但在民國 65 到 70 年之間，製造業的就業人口比率便超過礦業並持續增加。從礦業釋出的勞動力，除了遷出之外，大部分轉入製造業中，其餘分散到營造業及其他的一、三級產業中。在礦業急速衰頹、就業人口比率戲劇性地大幅下降後，製造業就成爲瑞芳的主要產業，其就業人口比率在民國 77 年時達到 35.7%的最高點之後雖然就呈現些微下降的趨勢，但仍佔了整個產業人口的三分之一。

表 2-1：92 年 4 月分猴硐地區戶數人口數統計表

村里	鄰數	戶數	人口數		
			男	女	合計
弓橋里	8	142	200	163	363
光復里	14	159	235	181	416
猴硐里	12	215	352	302	654
碩仁里	10	65	83	53	136
總計	44	581	870	699	1569

資料來源：臺北縣瑞芳戶政事務所資料重新整理

　　礦業沒落後整個猴硐地區人口急速下降，且戶籍在此之人也多外出謀生，九十年納莉颱災[42]後，該區雖高度高於兩百年防洪頻率，卻因基隆河八堵鐵橋處貨櫃堵塞導致猴硐淹水相當嚴重，也使居住品質下降，人數仍有慢慢減少之現象。

---

42. 侵台日期：2001 年 9 月 16 日～2001 年 9 月 19 日近 165 萬戶停電；
　　逾 175 萬戶停水。共有 94 人死亡，10 人失蹤。全省有 408 所學校
　　遭到重創，損失近 8 億元；工商部分損失超過 40 億元；農林漁牧損
　　失約 42 億元（參閱中央氣象局資料）。

表 2-2：猴硐地區 92 年 4 月分各村里原住民人口數統計表

村里	平地原住民			山地原住民			原住民人口總數		
	男	女	計	男	女	計	男	女	計
弓橋里	0	0	0	0	0	0	0	0	0
光復里	0	1	1	0	0	0	0	1	1
猴硐里	11	9	20	1	1	2	12	10	22
碩仁里	0	0	0	0	0	0	0	0	0
總計	11	10	21	1	1	2	12	11	23

資料來源：臺北縣瑞芳戶政事務所資料重新整理

　　由上表資料中該區僅二十三員原住民，且多爲平地原住民，該區域並未有明顯與原住民相關的文化及資產。

圖 2-1：八堵貨櫃堵塞情況－2001 攝

表 2-3：臺灣煤田分布表（資料來源：三峽鎮誌民國 82 年初版重新整理）

煤區	區域	主要夾煤層	百分比
基隆煤田	鼻頭、澳底、瑞芳、雙溪、頭圍、金包里、基隆、汐止及臺北東部	主爲中部夾煤層、次爲上部及下部夾煤層	50.67%
臺北煤田	南港、石碇、山仔腳、中和、新店及三峽	主爲中、下部夾煤層次爲上部夾煤層	17.12%
新竹煤田	關西煤田、油羅至北埔及嘉樂煤田	中部夾煤層爲主、偶有上下部夾煤層	22.10%
南庄煤田	竹南區獅頭山、苗栗區出磺坑、竹東區五指山、鹿場及橫龍	主爲上、中部夾煤層	5.70%
南投煤田	南投區九分二山及集集大山	上部及中部夾煤層	0.14%
阿里山煤田	嘉義阿里山	上部及中部夾煤層	4.27%
總計			100.0%

2－2　礦場常用之工具、機械與設備

　　選煤廠的作用：選煤廠爲猴硐地區之地標，選煤機亦是當初重要的機械，當初以每小時約 400 噸的水，可清洗 80 公分以上的煤，而 80 公分以下的煤石就以人造波浪分離石頭與煤，脫水之後的煤渣經沈澱可做磚材的添加物，廢石可做水泥的加料，以減少黏土的用

料，這讓現在的人見識到當時少有的環保觀念，當時民眾對環境保護的要求並未很高，也處於威權統治的社會氣氛下，常因經濟成長常犧牲了對環境的珍惜，經訪談當地老一輩的礦工常回憶猴硐煤礦盛產的景象，就是空氣中充滿煤灰，屋頂一層黑灰，選煤廠運作時基隆河的水呈黑色狀，就像一尾黑龍，可見當時礦業對生態污染的情景。

圖 2-2：機車頭－2004 年攝（兒童交通博物館）

機車頭的功用：機車頭為拖載煤車用，圖上所看到之機車頭即為瑞三礦業所使用之機車頭，2004 年放置在臺北兒童交通博物館內。

表 2-4：礦坑內使用工具

工具名稱及其用途	工具圖樣、照片
〔1〕磅枝：用於打洞以便放炸藥，通常會有很多支。	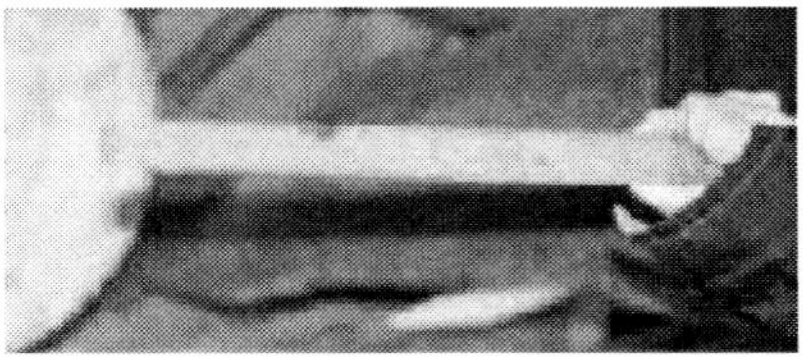
〔2〕分仔：用於清除石頭，有大小枝之分。	
〔3〕斧頭：用於製作礦坑之支撐材（相思木）榫接部分。（右圖） 〔4〕實桌：用來敲擊磅枝或分仔。（左圖）	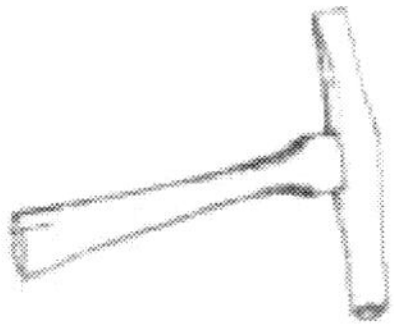 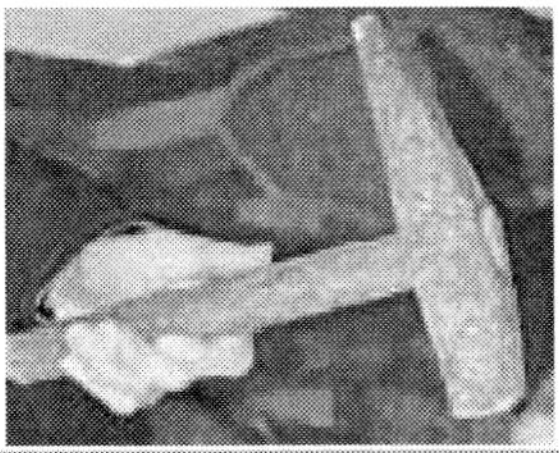

〔5〕磺火：當時產礦地區有磺火專賣店修理，電石則在雜貨店就買得到。

〔6〕鴨頭：是一種風力帶動的機器，用來打洞，是後期使用的機具，前期多以人工敲撞，以便塞炸藥炸開坑洞，風力是由位於坑口的壓縮機加壓。光復前「鴨頭」不是很普遍光復後才較多人用（詳1－3）。

〔7〕照明（礦工帽、頭燈及電瓶）：「電石」或「生命燈」。是運用硫磺化學反應來照明，當氧氣漸漸減少時，燈火會變成青色或變暗，提醒礦工要注意快要沒有氧氣，為礦工唯一保命的方法。

〔8〕一氧化碳自救呼吸器：拆封後可以讓人在 40 分鐘內維持住生命。

〔9〕甲烷檢測器：避免坑內發生因甲烷導致缺氧死亡的情況。

〔10〕瓦斯自動檢測器：對人體最具危害性之殘留瓦斯，容易產生氣爆危險

　　各種檢查裝置為經歷許礦災後所發展出來的安全裝置，在早期
的礦業中並無這些裝備，裝置相當的笨重，但對礦工的安全來說的
確增加許多的保障。

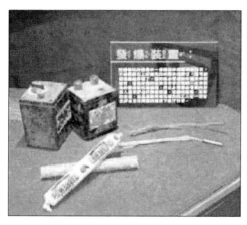

註：
引爆裝置乃是前述炸坑礦工
所必備的裝置，危險性很高。

圖 2-3：引爆裝置－2004 年攝

註：
利用捲揚機將煤車放入坑道中，再利用強大的馬力將煤車拉出坑道，此爲放置在平溪煤礦博物館中的捲揚機。

圖 2-4：捲揚機－2004 年攝

註：
在開採的過程中，煤層慢慢的被開挖後，地層有滑落的可能，必須利用這些油壓柱保住礦工的安全。

圖 2-5：油壓柱－2004 年攝

註：
坑道的掘進及煤礦的開採，都必須仰賴鋒利的開採工具，才能開山劈石挖掘煤礦。礦工們將磨鈍的工具，利用鼓風器重新加熱將受損的工具復元。

圖 2-6：鼓風機－2004 年攝

註：
小型長坑道中，喳石通常利用軌道式裝喳機配合出喳車斗運至洞外。

圖 2-7：裝喳機－2004 年攝

翻車臺的功用：翻車臺是將煤車翻轉的一種機械，面對滿載的煤車將如何將其傾倒至集中區呢?答案就是利用圖中的翻車臺，此相片乃翻攝於臺北兒童交通博物館的圖片。

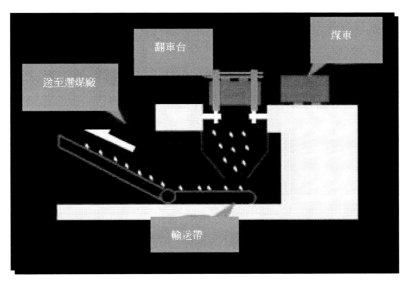

圖 2-8：翻車臺使用示意圖－2004 年攝

圖 2-9：翻車臺－2012 年攝（猴硐）

圖 2-10：瑞三選煤廠輸送帶－2012 年攝

圖 2-11：瑞三選煤廠運煤電梯

2－3　礦坑的禁忌

1. 在礦坑內不能吹口哨，可能產生干擾溝通，據說也可能引來野鬼的糾纏，並且會發生礦坑抽心[43]。

2. 礦坑內也不准提到蛇，如果坑內或洞口出現蛇，坑主深信將會『虎頭蛇尾』即會挖不到礦產，有些存私心的礦工發現有礦脈，有時也會以蛇騙使坑主放棄，再向瑞三公司承租挖礦權謀取暴利。

3. 不准穿木屐進入坑內，以免摔倒，此項規定並無關於迷信，純粹為安全之考量。

4. 禁止女人入坑，禁止的原因應是怕與礦工在坑中無法克制發生關係。另外女人當礦工在出入坑時必要搜身時也會造成困擾，所以不准女人入坑，也有一說女人進入礦坑即會發生抽心的現象，基於安全的考量，女人並不能進坑，與一般隧道挖掘之禁忌相同。

5. 礦坑內嚴禁其他礦坑人員進入，否則一旦礦產地區被別坑的人得知，相信不出三天就會被挖地洞全部盜光，屬於商業機密的考量。

6. 不可說到四，故四都以三片半等語代替。

---

43. 礦坑崩塌下來也就是落磐。

2-4 礦業的信仰

圖 2-12：復興坑口土地公－2012 年攝

　　土地公既是掌管山川、丘陵之神，而從事礦探工作，必須向地下挖掘，自然必須徵求土地神的首肯，於是對土地公的崇拜祭祀更是疏忽不得的。加上臺灣早期挖礦技術不發達，經常發生大大小小的礦災，礦工生命非常沒有保障，然而爲生計又不得不冒這些風險，於是只有求助於土地公的庇祐了。

　　所以在許多礦寮辦公室內，一定設有土地公的神位，礦工於入

坑之前，也總會先禮拜一番，一則求土地公保障生命安全，再則也求土地公指引採擷礦源的方向。有些礦主特別在礦坑出入口旁邊，加蓋一間小祠或是舖一塊石板，點一盞紅燈，供奉土地公，讓忘記膜拜的礦工，在入坑前，提醒其參拜，免生意外，故礦工都說入坑，命是土地的。

在離復興坑不遠的地方也有一個土地公廟，雖然該地區的採礦事業不再，目前保存的還算完整。

另外猴硐地區亦有四個主要之祭祀圈，分別為同安宮、保安宮、福德宮與聖公媽廟，據說聖公媽為埋藏在大樹下的一罈骨灰，為當地較為特殊的廟宇。除此之外當時為了使外來者相處更加和諧，對於少數族群的信仰也有重視，故也有提供原住民及其他信仰者的教會在此出現過，現已荒廢。

2－5　藝術家眼中的礦業

瑞三礦業的運煤橋造就此地美麗的風景，故許多藝術家往往以此美景作為作畫的背景，從畫中可發現山水、天空與橋的關係，當時的採礦的盛況，更會讓人發現，歲月可以讓許多事物變的更有詩意，跟礦業有關的畫家最具代表的為洪瑞麟及倪蔣懷。

圖 2-13：礦工群圖 1957 洪瑞麟

（資料來源：2012 年，猴硐願景館現場展示）

註：
倪氏的畫作
畫的是當時
日治時代的
三層鐵橋。

圖 2-14：倪蔣懷所繪之猴硐畫作

（資料來源：2003 年翻攝自臺北兒童交通博物館）

　　倪蔣懷，1894 年生，幼時居住在瑞芳一帶，。就讀國語學校時拜師石川欽一郎[44]。畢業後娶了臺北礦業鉅子之女（顏雲年[45]之女），故跨足煤礦事業。其以礦業經營累積的財富贊助美術活動、資助畫家及購藏畫作。可惜於 1943 年即病逝，年僅五十歲，否則臺灣美術界將可得到更多助益，李建興先生曾是倪碁元先生的得意漢學學生，倪基元及爲倪蔣懷之父親。

　　臺灣美術的建樹和西洋繪畫的發展，經由石川欽一郎的帶領下大大的改善，在當時的臺灣的社會環境可謂是完成不可能的任務，在其協助下許多藝術青年得以伸展志向。倪蔣懷抱持一股藝術之熱心投注於藝術活動，尤其是其贊助藝術青年，讓他們無後顧之憂地專心繪事，可全力發展藝術天分。

　　另一礦工畫家爲洪瑞麟，1912 年生於臺北大稻埕，在商人優渥的仕紳的家庭中長大，接觸到西方近代啓蒙運動後的人道主義思想與文藝啓迪。年少念的日人辦的私塾[46]受到校長（基督徒）廣博的人道主義情懷和原始基督教爲苦難者發言的宗教情操影響，洪瑞麟最後選擇以礦工當職業，他以勞動者的質樸、堅烈、雄壯的身體爲藝

---

44. 曾多次至臺灣任教，是臺灣近代西洋美術的啟蒙者，同時也是臺灣學校美術教育的開創者。
45. 《台灣政商家族》臺陽礦業公司平溪招待所研究調查及修復計畫內述「基隆顏家在臺灣史上具有重要地位，以開採金礦、煤礦起家，顏雲年、顏國年兄弟被稱為「炭王金霸」，更成為臺灣的富商巨賈，是臺灣早期五大家族之一。」
46. 民間自立興辦的學校可講漢、日語。

術之美的對象，他在造型、色彩及筆觸上的追求雄渾及厚重，都未礦工完美的展現。

洪瑞麟留日的十年間，他成爲「臺陽美協[47]」的會員，1938 年因藝術上的理念不合而退出，不久在瑞芳煤礦（倪蔣懷所經營）謀得一份工作，就此成爲終生職業。從挖礦工人、管理員及礦長而退休，每日處在地平線下的生活更讓他感到更踏實，他說「我越來越發現礦工門坦率無僞的種種人性表現，那樣契合我的心靈，使我時時刻刻都想揮動畫筆，迅速捕捉下來……。」以後的礦業的生活即成爲他創作的主要泉源。這三十幾年裡，洪瑞麟看到多少煤氣爆炸礦坑崩塌的災變現場。樸實色彩能捕捉得住爲明天的一口糧而走進礦坑的礦工心情。簡單的線條能精確掌握到黑暗中和著炭灰、污氣和汗臭的體軀動態。

因爲洪瑞麟的盡是從礦坑裡挖出來的，所以布滿了灰塵又伴著挖礦人的汗臭。畫家親臨現場所捕捉的動態以急速寫實所體驗到的眞實感，在移植到由畫布上的時候，活生生的表露著在地下層活動中的生命。不論畫布如何污漬洪瑞麟都不忍加以修改，讓它如此直接的展露，有別一般畫框內裝是美麗的畫作。若非如此認知，畫筆所帶出來的也只是舞臺上的一幕假景。1979 年洪瑞麟舉辦他第一次

---

47. 1934 年（昭和 9 年）11 月 12 日，臺灣畫家廖繼春、顏水龍、陳澄波、陳清汾、李梅樹、李石樵、楊三郎，與在台日本畫家立石鐵臣等人，於台北市聯合組織了臺陽美術協會，簡稱臺陽美協。

「礦工三十五年造型展」時，一群退休礦工以「矮肥洪」稱呼他，這樣友愛親暱的兄弟之情對洪瑞麟而言是比「畫家」二字更為重要，也更有意義。

2－6　礦工的輪班及入坑手續

前述煤礦工之輪班狀況一般採二班制，第一番上午六點半到下午二點半，第二番下午二點半到晚上十點，其中並不出坑吃飯是以帶便當方式處理。

每一個礦工都有一個「小牌仔」即入坑證，上面有姓名、相片等資料，表面還有上蠟，入坑時在坑口的「見張所」（檢身室）用證換一個木牌，帶著木牌入坑工作，據說木牌上面都用火烙印著瑞三的印章，入坑證則放在坑口對應於工作區的木格子內。等到出坑時才拿木牌換回入坑證。每一個礦坑外都有一個「見張所」入坑時要在那裡換證，巡丁也可以在裡面辦公及休息。

2－7　礦業衰敗的原因探討

臺灣在六、七十年代，煤礦產量已佔能源的比率不到百分之五，煤礦業衰敗主要癥結是因臺灣地理條件惡劣，煤層薄且深入地下，開採成本日益增加，加上缺乏適當管理及維護，使煤礦災變不斷，

民國五十八年七月九日瑞三本礦二斜坑發生重大災變,計二十五人死亡、六十二人受傷,民國七十三年三次礦災更造成礦業迅速的衰敗:海山礦災、煤山礦災及海山一坑礦災[48],原因皆爲臺車出軌引爆瓦斯、粉塵或碰觸電纜所產生火花,引起煤層爆炸及礦坑坍方,造成兩百六十九人死亡,五十人受傷,由於煤層過深,礦車出軌機率越來越高,更將礦業推向迅速衰敗之路。

　　當地的民眾在當時勞工安全衛生不注重的情況下,隨時都面臨生命的挑戰,時時像戰爭一樣,只爲了讓家中大大小小順利的過日子,在現代豐衣足食的人們實在很難感受的到,經過這次的研究,讓我們更了解這塊寶地,更加了解前輩們辛苦的過去,看著老前輩意氣風發的訴說著過去,曾幾何時礦業風采不再,現代努力奮鬥的人應把握現在迎向未來才是當務之急。

2－7.1　礦災發生的原因

1. 缺乏專門救護救災的指揮中心,勞安組織並未完善。
2. 職災現場缺乏熟識礦場的礦務專家,一般人救災不易。
3. 應具備的急救設備及重要防範措施都不夠完善,礦災發生機率增高。
4. 礦工並未有相當好的醫療照顧,許多老礦工現今都染上了

---

48. 臺灣北部的三次嚴重災變(海山煤礦(李建興之弟李四川經營)、海山一坑、煤山煤礦)造成至少 277 人死亡,臺灣煤礦業從此開始沒落。

肺部的疾病[49]。

5. 煤機械生產本身並未充分考量礦工安全的因素，使危險機械易產生損壞及火花造成相當之危險。

6. 越開採越深人員掌控不易，開採越深空氣越稀薄，發生災變運送傷者過程也較長也較不易。

2－7.2　礦業衰敗的原因

臺灣的煤礦使用，目前發現最早可追溯至史前時代。於新北市八里區所發現的十三行遺址中，亦發現早期凱達格蘭族人曾用煤來煉鐵的遺跡，自十三行遺址中所取得的煤礦樣本及鐵渣樣本中，凱達格蘭族人即以煤當作煉鐵所用之燃料及還原劑。由此證明臺灣早期即開始使用煤。只是尚無任何文字紀錄無法明確了解使用情形。

而歷史記載可追溯至明朝時期，西班牙人及荷蘭人佔領基隆一帶，發現此地有煤礦產，即鼓勵當地住民採煤供應所需。歐洲工業革命後，煤碳更扮演著重要的角色。自從鴉片戰爭及歐美列強對亞洲入侵，也讓清廷決定加強海防抵抗外侮。至此之後開始鼓勵開採煤炭，由於當時私煤開採漸盛，清廷即開放民間私煤開採。於光緒元年，臺灣巡撫—沈葆楨[50]聘請西洋礦師協助開辦西式官煤廠，引進

---

49. 礦坑裡、沸沸揚揚的煙塵，裡面全部都是石灰、煤渣，長年累月下來，就變成了矽肺，俗稱〔矽肺病〕，或稱為〔塵肺症〕。
50. 沈葆楨為奏請清朝在臺灣北部設立臺北府之人。

先進設備，同時也促使附近煤碳業主紛紛學習西方採煤技術，陸續
引進先進設備，改善臺煤生產。造就短暫的輝煌時代。

　　臺灣產量及開發成本不及國外，造成臺煤價格上揚，導致連年
虧損。後因中法戰爭，法軍進攻基隆一帶，劉銘傳至基隆督戰，開
始拆移煤場機械，毀煤井設備放水入坑，將存煤約一萬五千噸焚燒
以免落入法軍手中。戰爭的結果，全數礦坑均需要重建，大量的修
復經費更使臺煤陷入困境。

　　日治時代時，開始在臺灣基隆一帶礦脈，成立基隆炭礦株式會
社。當時礦產因地屬交通不便之山區，故尚未開採。後由臺陽公司
與日本藤田組合作，築運煤鐵道（平溪線），成立臺北炭礦株式會
社。於平溪一帶開採煤礦。

　　臺灣光復之初，煤產亦為重要資源，當時之主要燃料來源以煤
為主，即所謂煤經濟時代。民國五十年初，煤礦的產量高達五百萬
噸，供應臺灣能源總需求達百分之六十。直至政府開放石油進口後，
煉油廠及石化工業漸盛，由於燃油較燃煤低污染及低排煙。政府改
變政策鼓勵民間用油（推出低油價政策），造成臺煤之重大衝擊。

　　民國六十二年，中東爆發能源危機51導致油價暴漲，政府又回
過頭來鼓勵煤礦開採，開辦礦主低利貸款，吸引業主投入產煤。由

---

51. 1973 年 10 月爆發中東戰爭，引發 1973～1974 年第 1 次
　　石油危機，國際油價飆漲，1974 年漲幅達 350%，影響
　　全球經濟成長。

於臺煤產量已不敷使用，政府即開放外煤進口。外煤品質優良、價格低廉，臺煤實在難以競爭，也就注定了臺灣煤礦衰敗的命運。各公司紛紛面臨虧損，又因災變頻傳，勞資糾紛日盛，政府便積極鼓勵礦工轉業，鼓勵煤礦公司提早結束開採，政府將給於補助百分之八十之資金，各煤礦公司在沒有辦法的情況下紛紛停工。最後三峽地區僅剩的利豐煤礦52，也在民國八十九年底停工。

　　臺灣煤礦產業數度影響著臺灣的歷史及命運。陪伴著臺灣走過經濟發展的艱苦歲月。而成就這一切的人，正式開創經濟奇蹟的幕後功臣。當我們需要它時，他們正為我們而辛苦工作。當我們現在不需要它時，我們也不應該忘記，更應保留這份艱苦奮鬥史的歷史記憶，所以如何保存礦區的歷史意義及價值十分的重要。

52.利豐煤礦位於三峽鎮插角路 24 號，於 2000 年 10 月 31 日停採。

3. 猴硐地區論文資料之導讀

3－1　建議書籍——《猴硐之地方研究》[53]

3－1.1　研究此論文之動機及目的

　　在一個偶然的機會接觸了猴硐這個地方，一個充滿礦意的地方，這個地方並非一般農業社會轉換成工業社會的現代化轉變，而是由農業轉成礦業繼而因礦業興起，而由於礦業的沒落再回歸原屬的平靜的一個特殊環境，然而於圖說館尋找歷年碩博士的論文之中，林詩傑[54]先生於八十二年對猴硐地區曾做了較深入的及多層面的研究與探討，對研究這個地方的的聚落與族群的原貌有相當的大的助益。

---

53. 林詩傑（1993），猴硐之地方研究，中原大學建築（工程）學系碩士論文。
54. 林詩傑，中原大學建築研究所碩士，華梵大學講師。

3－1.2　研究此論文之內容與範圍

　　本研究從猴硐地區發源研究到猴硐的業緣地方、猴硐的地緣地方、猴硐的政治地方、猴硐的宗教地方及猴硐的血緣地方等帶領大家了解該地區的興衰及聚落型態等相關研究，此論文撰寫時猴硐僅停止開採 3 年，本研究將針對這些章節做探討與了解，與現況比較下當時整個煤礦資源保留仍十分的完整。

3－1.3　論文引用導讀文獻概述

　　此論文引用許多研究聚落與族群的書籍例如「存在與時間」、「權力結構與符號象徵」、「住屋形式與文化」、「民居與社會文化」等等，並研究了許多有關當地礦業發展資料「臺灣礦業史」、「臺灣地名之研究」及「臺灣北部山區的煤礦聚落及其居民的生活調適」等等書籍，很明確的將這些書籍資料整理後融入論文之中，讓此論文的研究內容更加充實，讀者應可至圖書館調印該著作論文，因屬學術研究部分眾多，讀者可先參考本書後再行拜讀，更易了解。

3－1.4　研究此論文的理論架構

　　此論文從地方的概念繼而描述地方的實質向度，並從人、意義、活動和空間中說明研究的理論架構，並針對理論的架構在論文中做

詳細的調查與說明，算是以相當細膩的方式實地了解猴硐地區的各方面特性，當然相關的採礦環境也因多年來政經環境的改變及人口的搬遷等等因素已有不同，此論文則完整的記述當時的環境，並探討環境及空間的形成，讓人可與現況做對照。

3－1.5　研究此論文的流程架構

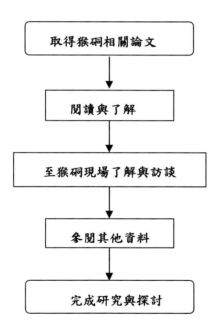

圖 3-1：研究論文之架構

3－2　導讀書籍──《猴硐之地方研究／內容概述》

3－2.1　導讀此論文內容各章節簡述與分析

（1）緒論：

研究動機

內容說明了研究此地區是為了突顯都會區場所感的喪失，乃選取臺北都會區邊緣的聚落以做為研究對象，並說明了許多地區是商業化的行為的入侵異化了原本單純的地方感，以臺灣地區各地方來說，九份、內灣等被商業化後，換來的是原居住民的離開，大家都為地方的破壞感到憂心，而猴硐與三貂嶺因為地形地勢阻礙了公路的舖設，而能倖免於此種鄰里關係與地方感的喪失，所以當初選取此地點做研究，但這樣的鄰里關係是否會在政府規畫商業行為進入後而改變，將可明顯發現，在近期猴硐雖招來了遊客，卻也發現商業行為取代現在性的可怕，且在未深植地方的特色中繁榮，將有曇花一現之可能。

研究範圍

主要說明研究範圍僅將苎橋里、猴硐里及光復里列入研究，也就是受礦業影響較深的區域，也就是民眾所稱猴硐的範圍，研究期

間為民國八十年至八十三年，對猴硐聚落歷史文物的背景追溯則自乾隆年間至於八十三年。所以在當時採金的大山里已經裁撤55。

研究目的

主要說明研究目的一是「猴硐不同層級之地方」如何被建構？另一則是企圖顯現「猴硐之地方性」為何？

地方的研究概念

由地方的概念繼而描述地方的實質向度，並從人、意義、活動和空間中說明其研究的基本理論。

猴硐地方的研究概念

從猴硐群體的類型、空間型態與地方的對應、猴硐地方的研究方法與限制及猴硐之地方研究概念架構等等說明猴硐地方的研究概念。

（2）猴硐的業緣地方：

猴硐產業興衰

說明了礦業未興盛猴硐前之族群跟礦業進入後的興衰與改變，並說明了當時猴硐地區的族群與聚落狀況，也就證明了礦業改變了猴硐的住民的生活型態。

業緣族群形成的背景與活動

說明礦業影響了整個猴硐的聚落形成，並說明本區域急劇的人口消長，人口年齡結構因礦業的沒落而逐漸老化等現象，整體主要

---

55. 大山里在民國六十七年裁撤。

103

活動範圍，主要因產業沒落而停擺，居民活動方式被迫改變。

業緣地方的空間型態與位向

說明了本地區的自然地景的層次及礦業的浪漫的人為景觀，整個地方在北台的位向。

猴硐與瑞三王國的共同體

說明礦業造成當時本區人口候鳥式的居住心態及瑞三礦業對當地聚落形式的影響，詳細述明當時兩者為共同體的關係。

（3）猴硐的地緣關係：

共分成四節說明該地區地緣形成背景與活動特性、生活圈的劃分及地緣地方的空間型態與位向。

（4）猴硐的政治地方：

說明本地區政治群體的形成背景與活動、政治地方的空間型態與位向及政經權威的中心，猴硐本身經營者與政治有著相當的關係，故有因為政治群體而形成的空間，在此章節詳細述明。

（5）猴硐的宗教地方：

說明本地區宗教地方的形成背景與活動、宗教地方的空間型態與位向及社會結構的凝聚作用，因多為四面八方而來的暫居者，故有不同的宗教活動區，也有凝聚向心力的作用，當時也有教會的出現。

（6）猴硐的血緣地方：

說明本地區血緣地方的形成背景與活動、血緣地方的空間型態

與位向及安身立命的地方，雖為不同區域而來的暫居者，認同自身故鄉身分者，主因是認為具有同樣的血緣、文化或教育養成，故有不同血緣而形成的特殊地方，如番仔寮等。

（7）結論：

說明研究結果猴硐地方的顯現及猴硐地方體驗與地方理論的修正，共用兩節來詳細說明，後再詳述。

3－3　導讀書籍──猴硐之地方研究／內容解析

3－3.1　各章節研究成果評論

此論文在緒論中由最基本的地方觀念將讀者一步步帶入猴硐的族群聚落之中，並繼而說明猴硐地區的族群型態及架構，在帶領讀者對族群形成有初步的概念，藉著傳統的地方觀念帶領著讀者了解猴硐地區的不同。

此論文在第一章節中帶領著讀者來到猴硐地區的地形、地質及人文背景及區域中心的顯現，藉著這些分析使讀者更加了解讀者的研究動機，並說明了猴硐特有的族群特色，並介紹當地特殊的山谷地形藉以初步介紹再於後續章節中說明山谷與河川對猴硐地區族全聚落的影響。

　　作者在第二章說明了猴硐的業緣地方，猴硐地方主要產煤，而煤即令人聯想到當地的瑞三礦業公司，此章節說明了猴硐族群之原貌，繼而說明了開始採煤對本地族群的影響，循序漸進的說明當時猴硐人口老化的演變及瑞三礦業公司對本地族群的影響，使讀者更加了解煤礦產業對猴硐地區族群聚落各方面的影響。

　　第三章說明了猴硐的地緣地方，說明了猴硐地區的山谷型態及基隆河與當地族群的關係，更將該地區生活圈的劃分，並以航照圖細分當地生活之重點地區及地緣地方的空間特性，將猴硐地區介紹的相當的細微，地緣影響當地居民的行為與生活模式。

　　第四章節說明了猴硐地區的政治地方，因為當時瑞三礦業的李進興先生與國民政府關係良好，且又為第一任官派瑞芳鎮鎮長，固政治力也影響了猴硐地方，當地政治中心介壽堂、鄰里活動中心、里辦公室等，說明了李氏家族不但以礦業影響了整個猴硐地區，同時也以政治力控制著整個瑞芳地區，形成臺灣族群與落一個少有的現象，在當時稱猴硐為一個礦業王國，居民為王國的子民，十分的符合。

　　第五章主要說明猴硐的宗教地方，除了礦工所必膜拜的土地公外，此地仍有部分的教會及角頭廟宇，這些廟宇教堂都是當時人民生活的重心，也是人群每逢假日聚集的地方，也說明了宗教對社會凝聚的功用。

　　第六章為猴硐之血緣地方，說明猴硐地區的住宅型態等，說明

當地傳統的砌石屋及一般家庭房屋隔間基本型態及當地的風水和房屋朝向等等。

第七章爲結語，主要說明猴硐地方的顯性及當地與當時地方的理論之比較，並大膽的修正及說明，在當時的論文重各方面來研究並大膽作出結論，可見論文作者非常的細膩。

3－3.2　研究成果及貢獻評論

林詩傑先生所撰寫的內容相當的充實，介紹也十分的詳盡，在當時猴硐地區屬剛封坑不久之狀態，人口漸漸地減少中，感觸應該遠比現今來的深，由於當時許多相關電腦科技及技術尚未發達，所以論文相關相片及圖說較爲少，如對從未到過猴硐地區的人來說，較難了解，也由於當時並未有興建博物館及工業資產保存再生論的觀念，故此論文亦未對此部分加以說明，整體來說確實是一本相當細膩的著作，經過 2002 年實地的探訪，當地十年來竟沒什麼改變，唯一改變的只是雜草叢生的坑口及越來越少的人口，但這幾年卻是改變最大的，此論文現今仍爲對猴硐地區聚落研究最深入的一本論文，可以見得當時林詩傑先生下了很大的苦心，值得我們學習及效法之。近年來猴硐因貓村而帶來人潮，但實際居住人口並未有顯著增加，寧靜爲當地的特色，當寧靜備另一種型態的改變，社區方向將往何處去，則是猴硐居民必須深思的。

4. 猴硐煤礦博物館計畫概述

4－1　基地位置概述

4－1.1　基地位置

　　地方人士透過議員原本希望效彷黃金博物館成立煤礦博物館，本章概述這個胎死腹中的博物館計畫，瑞芳猴硐煤礦博物館預定興建位置位於猴硐火車站南側，距火車站約一百公尺左右，東側爲基隆河谷，北側緊鄰瑞三礦業公司擁有之瑞三選煤場，西側隔一寬 6 公尺道路與臺鐵宜蘭縣鐵路爲鄰。

4－1.2　基地面積

　　基地面積爲 4416 平方公尺主要爲選煤廠原有地，

4－1.3　基地狀況

　　基地位於新北市瑞芳區三爪子段柴寮小段 1－7 號，此基地位於猴硐火車站南側，距離火車站 100 公尺左右，東側有基隆河河谷，

北側緊鄰瑞三礦業公司之瑞三選煤場，西側隔一寬 4－5 公尺道路與臺鐵宜蘭縣鐵路為鄰。

　　當初規畫單位選擇此塊基地目的是因為距離猴硐火車站近，一來交通方便、二來較易吸引觀光客前來參觀，又加上火車站對面有著昔日瑞三選煤場舊址以及附近的運煤橋、瑞三本礦口、復興礦坑口、猴硐口等重要資產，唯獨基地面積受鐵路及基隆河限制面積過小，即使興建面積也很小，實在沒有什麼規模與意義。

4－2　基地週邊環境調查與分析

4－2.1　基地周圍土地使用狀況

　　基地附近多為鐵路用地，屬荒廢地，僅瑞三礦業選煤場及機車庫房等屬瑞三礦業之土地，當時瑞三礦業李家均願意提供及配合博物館施作，土地使用狀況相當單純，土地取得並不困難。

4－2.2　基地交通說明

　　本案基地現況以路寬 8～10 公尺之北 37 鄉道（瑞侯公路）為聯外道路，在公路客運方面民國 92 年每天約有四十班次，臺灣東部幹線每日有 60 班次停靠猴硐車站，交通尚稱便利。而於基地與宜蘭縣鐵路之間有一寬約 6 公尺之柴寮路，為本基地及鄰近地區之主要聯外道路。

圖 4-1：博物館預定地－2004 年攝

圖 4-2：博物館預定地－2002 年攝

4-3　現地與地質調查

4-3.1　現地

　　由於猴硐地區於 89 年 11 月經象神颱風之影響，曾造成大量土石流崩洩，後在 90 年 9 月納莉颱災後貨櫃堵塞基隆河，使高於二百年防洪保護頻率的猴硐地居再度淹水大水，造成地形地貌因巨大的蛇籠牆施作後而改變，近年來已經有長出植物，擋牆漸漸恢復原有綠化。

4-3.2　地形、地質及土壤調查

　　地形＝猴硐地區在地形上屬於中央山脈最北緣的基隆丘陵，有基隆河流經切割，行程地勢陡峭的河谷地形，而聚落區即位於基隆河沿岸的河階地形上，高度則介於 0～125 公尺之間；該博物館預定基地雖為山坡地保育地區，然地勢平坦，平均坡度為 4.79％。

　　地質＝本基地及其附近為臺灣重要煤田地層之所在，其含煤地層主要為新第二紀中新世的「石底層」（中部含煤層）。石底層主要由不同的砂岩、粉砂岩、頁岩及泥岩之互層組成，而煤層多集中於中上部，厚度為 30～80 cm。

　　土壤＝基地之土壤呈酸性反應，為有機質含量低的黃棕壤分布地區，有效土層為碎粒鬆軟母岩及中質地表土。雖然河谷沿岸地形

仍可發展爲可耕地，但因地勢崎嶇、雨水豐沛、沖刷嚴重，土壤發育不良、肥力較差，同時氣候不利農作生產，再加上日治時期以來煤礦業的大量發展，雖然推斷早期曾有零星闢建的田地或茶園之農業散村之存在，但一直以來農業都不是地方主要的產業發展。

4－3.3 氣象

原本博物館預定基地內較一般平地涼爽，其年平均溫度約 23 ℃；終年有雨、雨日常的濕潤多雨特徵，平均年雨量約爲 4000 mm，全年平均約有近二百個降雨日，冬季東北季風盛行，雨日及降水集中此時，尤其是 11 月至翌年四月間往往陰雨綿綿，氣候陰濕冷涼，爲典型的東雨區。

圖 4-3：基地位置圖

（資料來源：瑞芳鎮地圖重新標註）

表 4-1：92 年瑞芳鎮重要建設計畫

計畫名稱	計畫內容	計畫進度
黃金博物館	結合導覽與校外教學，維護金九地區礦業文化資產	已完工
商圈更新再造－金瓜石及九份地區輔導計畫	善用金九地區歷史背景、礦村文化，藝術人文，塑造具歷史人文特色之觀光博物園區	執行中，計畫期程為民國 89－91 年
禮樂煉銅廠舊址多元化規畫研究	兼具能源教育推廣與休閒遊憩之能源體驗村	規畫中
猴硐煤礦博物館	**結合導覽與校外教學，維護猴硐地區礦業文化資產**	**規畫中**
臺灣地區西部走廊東西向快速道路建設計畫	起自萬里，往東行經八堵、暖暖、四腳亭、瑞芳至瑞濱接台 2 線；連接北海岸與東北角風景區，並可與基隆港東西聯外道路、中山高、北二高串聯	預計民國 92 年完工
瑞芳地區觀光遊憩交通改善規畫	因應瑞芳風景區成立、黃金博物館與煤礦博物館設置，在現有道路系統下，提出瑞芳地區之觀光遊憩交通規畫，初步建議包括： 1. 以運輸系統管理，管制車輛進出與停車資源 2. 以接駁公車串聯外圍停車場、公共運輸轉運站及各景點	完成期末簡報
獎勵民間投資開發經營瑞芳風景區觀光服務設施可行性研究規畫及台車規畫基本設計	恢復金九地區傳統運具，有助於紓解地方交通壓力，惟路線初步以舊有台車路線為準	規畫中
區內解說導覽、街道傢俱、識別系統整體調查規畫設計	發揮各區域之自然、人文景觀特色、環境需求，建立識別系統、解說導覽等	規畫中
金瓜石金光路入口意象及道路改善規畫	改善金光路道路品質，建立金瓜石聚落的入口意象	規畫中

資料來源：「金瓜石、水湳洞及八斗子地區土地最適開發模式之研究」期末報告，台電公司委託，清寰管理顧問股份有限公司規畫，91 年 4 月。

5. 工業遺產再生論

5－1　保存的原因

　　臺灣地區早在民國七十一年級開始公告實施文化資產保存法 56，但卻一直沒有屬於工業文化的資產被完整的再生及利用，直到最近幾年才有酒廠、菸廠、鐵道機房等被列入文化遺產內，工業資產在國外很被重視，事實上在台灣這些遺產帶給臺灣人更多的感觸，因為它不但代表歷史，更代表臺灣人艱辛的吃苦精神，更值得我們保留，依據文化資產保存法第 27 條之 1（89 年修訂公布）暨歷史建築登錄及輔助辦法第 7 條，2004 年 11 月 7 日已正式將猴硐煤礦遺跡列入歷史建物，其後也於 2011 年將其餘附屬神社及介壽橋紀念碑列入歷史建物。

---

56. 最早於 1982 年制定，1998 年和 2005 年曾加以修訂增加，共有 11 章，104 條。

5－2　保存的方法

　　早期人們總是認為工廠及礦坑是屬於極度繁雜及骯髒的感覺，然而凌亂也是一種美，廠房及其他工業資產的研究應該以維持原貌為前提，不應將其外表再上漆或增加其他新品，但在工業建築的四周亦可利用許多巧妙地設計達到實質參觀效果。

圖 5-1：DUISBURG 北都會公園舊煤渣堆置場現為攀岩場
（資料來源：2010 年攝）

圖 5-2：BOTTROP 煤渣堆地景所建之觀景臺－2011 年攝

5－3　工業遺產給人的感覺

　　臺灣地區在保存地方的工業遺產一貫的做法－博物館，然而博物館仍擺脫不了擺設、看影片和機械，很難令人了解及親身體驗工業發展的過程，然而國外對此方面的設計較為創新，不但讓人親身體驗外，更有許多高科技的模擬等設備及創新的思考，工業文化發展的過程及體驗，繼而了解而感觸、感動不只是形的變化與創新，而是如何帶領著後人的心與當時接觸，工業文化遺產的保存除了給予現代人感動外，亦可達到環保再利用的效果。Duisburg 都會主題公園中，有非常多的協會及個人共同成立一個名為「北公園利益共同體」的組織，共同參與規畫及營建的過程，也因此整個公園的營建與未來的經營管理，則在政府技職訓練的配套措施下，重新為失業者帶來了新的休閒觀光產業的就業機會。整個都會公園除了古蹟保存的觀念外，更增加了社區營造的觀念在其中。

圖 5-3：礦區景觀旋轉輪（魯爾工業區第十二號礦區）－2006 年攝

圖 5-4：挖煤器公園－2007 年攝

6. 臺北縣（新北市）與礦業文化

6－1　早期臺灣最具經濟價值的煤礦區概述

　　新北市地下礦產開發的歷史甚早，早在荷蘭及西班牙等國佔領北臺灣時，此地的硫黃、煤礦等礦產即已是當時帝國主義國家掠奪殖民地的資源之一，前已述明。

　　以煤礦為例，臺灣煤田最主要及富有經濟價值者，皆集中於北部，包括基隆、臺北、新竹及苗栗四大煤區，而新北市的煤礦業又居全省之冠，從民國四十年至七十五年為止，新北市當年煤礦年產量占北部地區的總產量，平均都在 60％以上，是臺灣地區最具代表性的煤業縣市。

　　煤田在新北市境內涵括的領域甚廣，包括東北角的汐止煤田、猴硐煤田、石碇煤田、武丹坑煤田、雙溪煤田、澳底煤田，以及西南角的南港煤田、山子腳煤田、清水坑煤田、三峽煤田等。其中以汐止、猴硐、雙溪、南港、清水坑及三峽等煤田開採最具規模。

6－1.1　由盛而衰的夕陽產業

惟上述礦業自十九世紀末相繼量產以來，歷時近五、六十年，礦脈因逐漸深入地底，已不敷開採價值，加上石油的普及，也導致相關的礦業迅速的衰退，因此自民國五〇年代末，各主要礦場即已顯出衰敗的疲態。

而在煤礦方面，新北市的煤礦從日治時期大量開採以後，礦源已逐漸枯竭；特別是民國 54 年以後，臺煤開採因無法配合臺灣當時開始發跡的外銷工業的能源需求，臺灣工業乃轉而依賴進口油料，致臺灣能源產生結構性變化，煤碳由主導地位，轉為次要的能源，並自民國 58 年起開始大量衰退。煤業的衰退，導致大量礦工外移或轉業，礦業聚落也迅速衰敗，尤其以平溪線鐵路沿線最為明顯也最為快速。而繼續從事煤礦開採的礦工，都是轉業不易的中高年齡礦工，或者為期待退休以後領取退休金的屆齡勞工。然而民國 73 年，新北市境內的海山煤礦爆發全臺灣有史以來最大的煤礦災變，更點明了礦業在新北市戲謔的發展歷程，以及國家政策與資方忽視下，夕陽產業的窮途末路，從此之後，礦業漸漸的凋零。

6－1.2　以鐵路串聯的礦業文化地景

由於早期運送礦產的主要運具為鐵路，因此礦業聚落、礦場、集散轉運站之間，主要都是以鐵路或輕便道加以連結，形成了以鐵

路做串聯的特殊礦業文化地景。

　　這個以鐵路做串聯的文化地景，瑞芳是其最主要的中心。瑞芳因居鐵路陸運的轉換中心，因此成為早期臺灣最主要的礦業都市。以瑞芳為中心的礦場，包括四腳亭及深澳（以 1919 年完成的宜蘭線支線連結）、平溪（1921 年完成的平溪線鐵路）的煤田；基隆河中游的沙金；與臺灣三大金山金瓜石、九份、牡丹坑（1931 年建有輕便鐵路）的山金，而上述的礦田均係台灣蘊藏量最豐富，最具開採經濟價值的礦區。

　　而由於礦業的衰退，許多早期運輸的鐵路業已拆除或停駛，僅存平溪線鐵路最為完整，尤其是菁桐坑至瑞芳沿線，仍有菁桐坑、平溪、十分、三貂嶺及猴硐等早期礦業聚落，車站附近仍存有儲煤倉庫、運送帶及臺車軌道等昔日運煤的工作場所與用具，都應指定為地方重要文化資產，進行歷史保存工作。

6－1.3　搏命生涯下的礦工文化

　　礦工由於長期在地底從事高危險性的採礦工作，因此對於出了礦區外的現世生活格外的珍惜，表現出的礦工文化包括礦業聚落中濃厚的人情味、高級消費享樂的崇尚、對土地公等保護神明的信仰等，都與其他行業不同。這在現存礦業聚落的空間形式上，還保存此一文化特質：例如家戶空間對聚落的開放性、精緻的消費空間與公共建築及碩大的土地公廟等。聚落的形式反應出礦工搏命生涯

下，對生活、環境、鄰里間特有的文化價值觀，值得以歷史保存的方式，保有此一特殊的地域文化。

而在藝術市場上，洪瑞麟的礦工油畫已成為此一文化的主要代表。礦工出身的洪瑞麟，以油畫的形式記述礦工在坑內、在洞口、在浴室及在礦場每一角落的勞動情景，表達出礦工自身特有的文化觀點。由於其創作題材的稀有，與筆觸表現礦工旺盛的創造力，在民國七〇年代末的藝術市場上有極高的評價。但因其作品數量不多，散存於昔日礦業家族、收藏家中，日後文化中心應配合地方礦業博物館的設置，考慮典藏此類與礦業文化有關的記錄性資料。

就上述新北市的歷史沿革、產業發展、與地域文化的特質來看，新北市具有豐富多元的文化特色，而在戰後伴隨都會區轉變的快速發展過程中，地域文化原有的內聚力與傳承，正不斷的消弭萎縮中，因此現階段應以歷史保存的方式，以延續臺北縣（新北市）的歷史資產。

6－2　曇花一現的猴硐煤礦紀念博物館籌設計畫

猴硐曾經為臺灣著名的煤礦產區，但猴硐聚落在礦業衰頹後，也因缺乏替代性產業的引入且居住民，並未於礦業破落前預知前景而日趨沒落。所以，在都會區國民旅遊及觀光休閒發展的脈絡下，

地方政府興起對猴硐旅遊開發的念頭，進行「具產業文化保存再發展計畫」，引入並建立休閒產業，單在此計畫下必須輔導地方居民經營，以地方爲主才行，故造就民國 92 年煤礦博物館計畫的產生，計畫如下：

1. 縣政府協同鎮公所，事先積極與瑞三建基煤礦協商舊場房現址，作爲紀念博物館的可能，及各項土地使用問題之解決[57]。
2. 與文建會（現文化部）「田園藝廊」設置計畫之積極配合[58]。
3. 縣文化中心配合進行煤礦開採及地方歷史資料之收集計畫。

問題分析：

1. 煤礦的開採曾經是基隆河流域的重要產業，在臺灣戰後的經濟發展過程中，也扮演了非常重要的角色，然而卻未見有相關的行動來收集整理這些珍貴的記錄、史料，並加以展示。
2. 瑞芳地區的居民，多半都能理解地方過去的礦業開採在臺灣曾經扮演過的重要角色，但是採礦產業的衰頹，卻使得地方居民、尤其是年輕一輩對於自己鄉土的文化歷史越來越陌生，也沒有一個方便的管道可以去了解。
3. 在未來基隆河流域的旅遊發展過程中，除了既有的自然資源外，地方並沒有將其本來就有的珍貴記錄、史料做有系統的收集、整理與展示，而面臨被遺忘及湮沒的危機。

---

57. 2005-08-26 北縣副縣長吳澤成與台鐵、瑞三公司在瑞芳猴硐煤礦園區預定地簽署合作發展意願書。
58. 行政院文建會於公共環境內設置「文化藝廊」，並在各縣市設立「田園藝廊」。

計畫內容：

1. 紀念博物館及各項展示硬體設施之建設。

2. 既有礦坑作為動態展示場的進一步調查、確定及規畫設計。

3. 各項展示軟體資料之收集、整理及展示之規畫設計。

4. 猴硐地方文獻、史料研究小組（中心）之建立。

5. 猴硐交通設施改善工程計畫，包括停車設施、各型車輛進出動線之規畫、設計。

6. 猴硐地區「特殊日（假日、節慶、特殊活動日）臨時性交通疏導管制計畫」之先期規畫及執行計畫之擬定。

原猴硐煤礦博物館計畫功能及要求：

1. 結構採鋼筋混凝土設計，興建樓層為地上三層。

2. 地面一層規畫設計，並考慮防洪需求。

3. 基於整體美觀下，樓層總面積規畫以法定範圍內最大使用為佳。

4. 計畫功能應包含典藏、展示、教育與推廣四大功能，且整體建築應表現煤礦業特性色彩。建築內部應包含展示空間（入口服務區、售票台、常設展示室、展示倉庫等……）、收藏空間（卸貨整理、收藏倉庫）、多功能（多媒體）演講視聽兼展示室、公共服務空間（入口大廳及休憩區、半戶外景觀陽台等）、行政空間（辦公室、廁所等）。

5. 戶外景觀工程設計應與現地環境配合，本案戶外展示場，用

以提供現地展示，此外，將來在博物館基地周圍的開放空間
則建議可以設置戶外展演廣場及河谷觀景平臺，用以鳥瞰基
隆河休憩點，並配置適當植栽綠化，美化環境與指標系統，
且須考近鐵路安全設計，並將現存沿河運煤軌道併入保存規
畫，增加本地區活動的類型，整合遊憩資源，以活絡本地空
間規畫。

展示內容：

1. 臺灣煤層之地質、分布等狀況，產量及開採技術等方法
2. 保安演變及政府機關，人民團體之沿革資料
3. 產煤各種大小器材
4. 各種開採情況之照片、圖片或影帶
5. 煤業歷史文物

預期效益：

1. 系統地保存、整理猴硐產業及聚落發展史料，進一步強化地
   方居民的鄉土意識，增加遊客對地方歷史文化的了解。
2. 塑造及強化基隆河流域既有旅遊活動的文化特色，充實瑞芳
   觀光發展的文化內涵。
3. 帶動基隆河上游地區，進行文化的觀光旅遊活動開發及聚落
   經濟的再發展。

這個案子本來在臺北縣政府必要執行的預算內，但後被其他方

案所替代,在幾經討論下案子被擱置59,並未執行,猴硐未來將何去何從?是否符合當地居民的願景,仍需相關單位與地方人士共同的營造。文化資產保存在物質層面的技術和建築美學的觀念上,臺灣對文化資產的詮釋與解說,還有很大的成長空間,我們期待有一天可以重新看到老建築帶給我們的魅力。除實質地方特性被貓村取代令人擔憂外,其遠期計畫,將結合金九地區台纜車 BOT 方案,規畫一條連接金九的空中纜車,將金九與猴硐進行空中串連。更令人擔心遊樂園式的規畫化之下,地方特性將面臨商業化的破壞。

---

59. 2005.8.26 臺北縣政府將與瑞三煤礦、臺灣鐵路局一起簽訂「猴硐煤礦園區合作發展意願書」。

7. 結論——猴硐回歸猴硐之轉變與發展方向

圖 7-1：猴硐車站－2002 年攝

圖 7-2：招牌加註後之猴硐車站－2012 年攝

7－1 小結

　　瑞芳區猴硐地區位於基隆河上游狹長的河谷之中，早期是臺灣北部煤礦之生產中心，當時主要的社會結構（Social Structure）仍是傳統的農業社會，人民平均所得偏低，礦工的豐沃薪資吸引了許多外地人來此地討生活，山區及礦區附近聚集了相當多的新移民，但在經歷幾次嚴重的礦場災變、礦脈漸漸短缺及礦業造成的重

度污染等因素，礦業終於漸漸沒落終至停止開採，而原本屬於這裡的各種產業也因而逐漸外移。現在猴硐所擁有的，是種特有的平淡與平靜，走在街道中，隨處可見皆是珍貴的歷史建物及文化遺產，它們將為後人見證猴硐地區的歷史。

近年來懷舊觀光旅遊逐漸盛行，吸引許多民眾前往已遭遺忘的地區遊玩，雖然懷舊風將帶給地區帶來頗大的觀光商機，但亦對整體生活品質與環境生態帶來重大的衝擊，九份即為令人省思的例子，過度的繁榮及都市化卻使金九地區失去了原貌，當大家討論猴硐未來的發展的同時，原本已退出猴硐的瑞三礦業及地方政府，試圖以猴硐煤礦博物館的興建及礦工生態園區再度振興這裡的經濟，猴硐人自主展現與政府+地方派系的經濟考量，成為最大的對比。事實上，空間除實質空間外，仍有異質空間（Heterotopia）及空間表徵（Spaceof Representation），在 Kevin Lynch 的都市意象（TheImageof The City）強調環境的歷史要素及歷史的回憶，也就是場所感(Senseof Place)、認知(Identity)、方向感(Orientation)與環境的吸引力（Attraction），故除一般分析外更需深入的體驗。本文試著作此區域的空間轉變做深邃分析，期望藉由空間形成的歷史脈落，追尋猴硐工業遺產空間的新定位及文化產業發展的新方向。

7－1.1 人煙稀少的猴洞

猴硐地區在臺灣的東北角，位於北緯約為 25 度 05＇，東經 121

度 49'，地理上屬丘陵地，基隆河上游西岸狹長的河谷之中。標高在 75 公尺及 250 公尺之間，這裡有著獨特的天然資產，巨石嶙洵橫生與山嵐、河流和樹木，每天變化的山嵐及氣候，此地原本為多為猿猴所居住，故名為猴洞。最初只有劉姓、呂姓及簡姓五戶人家在此地作山林墾伐，故在「猴洞」的時期這裡只是一個居民稀疏的山間聚落。這裡夏季炎熱冬季酷寒，雨量豐沛，影響了猴硐早期石屋厚實結構及東西座向的排列方式，但在鐵道未完成前步行往宜蘭（淡蘭古道）開墾必經之地，但常有盜匪出沒及糾紛，在日治初期猴硐地區有零星採礦的開始開始了輕便鐵軌的出現，除運煤外也供載貨載客使用，這就是初期猴硐地區的整體空間型態。

7-1.2 礦業興起及鐵道串聯的猴硐空間的轉變整體分析

　　臺灣在日治初期以農業為基礎，直到日治末期開始了臺灣工業的發展。日治時期的臺灣因屬殖民地，任何企業皆在日人嚴密的控管下。瑞三煤礦開採成績卓越時，正值第二次世界大戰，此期間，日本人嚴格控制臺灣人的思想，政治上屬威權的殖民統治，經濟上除礦業外其餘皆為傳統的農業社會。日商三井公司原判斷該礦煤源已枯竭，無繼續開採價值，故將該礦盤讓給李氏經營。李氏未能拉攏執政者，事業有成後受到妒嫉益甚，被以通諜罪予以判刑入獄，李氏之弟建炎，因不堪酷刑而死於獄中，正因遭逢如此之變故，使李氏發覺與執政者保持良好關係的重要性，更影響了後續猴硐的發

展。

　　日治末期的猴硐因大量採礦，改變了原本的空間結構，當產煤的消息傳開後，許多佃農及各行各業的人攜家帶眷的來到猴硐這個新興的礦場，有別當時以家族宗親凝聚的部落，礦業重新聚集了一個新型態的聚落。但在日治時期這些礦工並沒有長住下來的打算，也就是心中的「家」還在原遷出的地方，當以生命積蓄了一些存款，總是會在回到原居地，人員流動較大，從當時猴硐多數房舍為簡陋的搭設及帳棚即可得知，這就是當時猴硐地區主要空間結構。

7－1.3　戰後猴硐變猴硐的社會空間變化－從反抗日人的包商到戰後新興礦業資本家

　　臺灣光復之後，李建興被釋放，罪犯搖身一變成了抗日英雄，李氏體會到產業與執政著關係的重要，其參加「臺灣光復致敬團」觀見蔣介石，返台之後成為首任官派瑞芳鎮鎮長，同時他買下猴硐所有的礦權和設備。戰後曾將此煤運往上海以解煤荒。「二二八」事件時，李氏身為瑞芳鎮長，挺身而出向群眾疾呼，使激動之民情得以緩和，國民政府看到李氏在地方的實力，為中央所器重，在國民政府撤退來台後，猴硐儼然成為政治與經濟結合的地區。民國六十六年瑞三員工即達到 1569 人，民國五〇年代到七〇年代即為猴硐礦業的黃金時期，居民高達九百多戶，聚集約六千人，靠鐵路交通運煤，加上礦脈豐富和完善的採煤作業，瑞三成為全臺最大及品質

最佳的煤礦場，民國六十五年，猴硐就締造出 22 萬噸的全臺最大產煤量，這就是猴硐的黃金時期。

戰後的猴硐在政治與經濟串連後，經濟資本家轉變爲瑞芳鎭長，猴硐成爲旅人的新故鄉聚落（Clusters）儼然成型，石造、木造及磚造建物沿著基隆河及山坡大量的出現，與九份、大粗坑金礦開採時間比較下，猴硐煤礦開採晚了許久，故在九份及大粗坑金礦開採殆盡時，猴硐這是煤礦開採的全盛期，許多九份跟金瓜石的礦工陸續遷到猴硐，這群較晚的近距離移民，約聚集在粗坑口一帶定居，在此時猴硐的主要聚集型態已經成形。在當時猴硐就像一個家，許多鄰里間的糾紛也都由瑞三來協調，瑞三公司造就了猴硐的礦業王國。

民國 51 年，政府認爲「猴」字不雅，改爲「猴硐」，後來地方文史尋根觀念興起，瑞芳鎭民代表會決議恢復爲「猴硐」地名，迄今僅剩臺鐵仍不願更改站名。雖然瑞三煤礦曾被評鑑爲國內優良煤礦之一，但是由於採煤深度越挖越深礦業利潤逐漸薄弱，工資不斷上漲，礦產開採漸漸不敷成本，敵不過進口煤的威脅，加上鐵路電氣化及民國七十三年臺灣發生三大礦區災變，導致國家煤業政策改變，頒布了「礦工轉業輔導辦法」，規定民國八十年十一月之前，將礦權繳回礦務局者，可獲政府 80％的資遣費，所以瑞三煤礦在民國七十九年宣布停產，在產煤時有福利社、員工宿舍等管理性建物，員工宿舍還依不同的身分而有所區分，如一般工人住在工寮，職員

住平房，廠長級的住日式和房。外地來的礦工很多都住在工寮，工寮是「同礦公會」出資興建，而同礦公會的錢是從礦工薪資中抽一部分集資。而在瑞三公司收廠後，曾經說要把工寮的地收走，但是因為老闆在美國，無暇管理，所以現在就以便宜的價格，出租空屋給員工及家屬；而一些老舊的工寮現今還有老礦工及家屬住在裡面。當地居民猶記 1969 年猴硐礦坑的災變，微薄的撫卹金卻是辛勞一生的代價，煞那間猴硐從繁華到沒落成為悲情的城市。

7－1.4 礦業沒落－工業遺產再生論的實踐及地方宣傳的方法論

早在 1985 年西班牙瑞格納達部長會議就將建築遺產納入了工業遺產，在當時臺灣對工業遺產保留的觀念較弱，近年來才開始注重其重要性。在猴硐，頹廢沉靜的礦產廢墟意象，就是猴硐重要的空間資產。在當地鄰里及居住過的人來說，猴硐的每個景物都代表過去辛勤的回憶，也是凝聚感情的空間，不同的人來到這裡有著不同的感受。臺灣的古蹟保存運動大約是在 1970 年代中期，由於經濟發展與工業化所伴生的都市化與現代化過程對傳統建成環境之破壞，造成了知識分子與都市裡的文化精英的抗議而開始的。古蹟保存運動形成了社會與政治壓力，推動了 1982 年文化資產保存法的通過，以及 1984 年文化資產保存法的實施，開始了許多以歷史建築物為主的古蹟保存活動。加上近年來部分閒置空間再利用來自國外「棕

地」（Brownfields）之稱的被廢棄、閒置或未充分利用工業與商業的房舍廢棄土地失落空間（Lost Space）再利用的觀念。許多產業發展後的地景，也受到國外棕地再發展計畫成果的影響寄望著改造再利用，在臺灣最為著名的為一系列的歷史產業博物館的出現，給予民眾興建博物館即帶動經濟的保證，許多人看到金九黃金博物館的出現，使得鄰近以礦業為主的猴硐地區亦有興建猴硐煤礦博物館的念頭，政府亦急著規畫著將原本礦業遺產「轉型」改為商業價值，原本重要的精神場所運煤橋也在「專業團體」的規畫下欲搭上霓虹燈現代化光的演出，許多建物原本以自然的方式書寫的警語及標示，也將在洗石子改造後重新噴上電腦書寫的整齊標語，在這裡由於所有的產業遺產都屬於瑞三礦業所有，依地方人士透露瑞三礦業現在積極與當地居民協調或訴訟以期取得原有建物的合法權力，以利日後當地的經濟發展，當地居民與地方派系的拉鋸再起，原住居民是否能繼續自主規畫社區的未來至今仍是未知數。在臺灣經濟起飛的同時，猴硐雖因偏僻且無產業價值而無太大的經濟發展，弔詭而幸運的是，也許正因為處於如是的處境，讓猴硐在七〇、八〇年代全臺普遍為現代性摧殘的年代中，仍保留相當豐富屬於地方的魅力。現今猴硐沿途皆是樸實無華的礦工宿舍，歷史文化遺跡無論如何殘破不堪，必也保有其人文之美，荒廢的礦工宿舍，更直接反映了當時的社會景況。如何維持猴硐的獨特性與跟上全球化浪潮的取捨中，以深度體驗旅遊抵抗經濟化帶來的地方破壞，為該區域以工

業遺產再活化論述引入經濟活動前所需做好的工作,到目前為止猴硐人仍不斷地在努力尋找地方新的方向與定位。

地方的特性及發展有時與其宣傳方式及方法有關,在過去傳統的紀念方式均為一成不變的設立紀念碑,類似墓碑的紀念碑上面往往撰述著過去發生的事件,而碑文內容卻往往因時代及執政者之差異有著不同的撰述,往往失去紀念的意義。或者我們也常看到某些人作一些類似裝置藝術的造型物加於舊建物來紀念,人們仍須透過解說才能了解其中之意義。然而新的建築新歸新矣,但如若斬斷了既有很濃厚的意義,豈不成為一處冰冷的空間環境,而這其實違背了空間設置的初衷。一個成功的空間再利用,結果常反而加速人民記憶的遺忘。在臺灣現今很多的做法常就是空間再利用改變原使用功能,改造結果常使原有建物意義的喪失,更將從前至今經過的記憶抹去。所以,如何完整展現一個建物於各時期代表的歷史意義比建築物本身更加重要。地方宣傳除了實質的建設、與地方脫節的活動、冷冰冰的手冊、宣傳單及紀念碑外,更需要部分的故事性,這樣的宣傳方法比任何活動的舉辦更加有效,利用現有網路資源塑造屬於猴硐的故事,讓來深邃旅行的人,更加深刻的了解地方。部落格行銷正屬於當前熱門的行銷方式,由於網際網路的普及以及技術發展的成熟,網際網路使用者已遍布至各個年齡層,且由使用網路的工具與平臺已相當的友善與人性化,更使得建置個人網站或是創建個人部落格、網路相簿、網路影音分享等等已不是一項艱澀且昂

貴的學問。部落格行銷已是一種成功的行銷方式，更可鼓勵部落格作者的參與而達到增加地方的能見度。目前已有許多部落格作者，會在文章中所宣傳自己喜愛的景點，由於具有圖文並茂的說明，以及作者親身經歷的現身說法，達到了生動活潑的內容。甚至不同的作者對於同樣的景物會觸發出不同之情感，產生不一樣的故事，吸引更廣泛的族群。因此，很快的就會獲得一般大眾的共鳴，進而旅遊業者也可感受到人們對於新景點的熱情而推出套裝行程。

正當 Web2.0 的精神越來越受到大家的喜愛，分享不再是一件吝嗇的事情，網際網路使用者開始將自己的網路書籤、社群網站內容、旅遊景點 GPS（全球衛星定位系統）座標資訊、行車路線、交通狀況、風俗名情、商店位置等等都與人分享，都可以減少旅遊障礙，進而增加遊客來訪活動的意願。若在景點導覽上採用結合 GIS（地理資訊系統）與 GPS 或配合 RFID（無線射頻識別）之行動式導覽系統，配合歷史圖像、影音及新聞事件的說明，地理相關位的介紹，更可以讓旅人瞭解這塊土地的歷史過往與意義。

動人的相片、資料及迷人的故事，強烈驅使網路使用者來到了猴硐，利用火車站給予旅人地方的神祕感，如果有一天在瑞三大橋上，能有一小段運煤車配合著火車時刻表火車進站的時間走動，並發出氣笛吐出白煙，加上運煤道路旁的芒草隨風飄逸，醞釀著橋與臺車、山與水的對話，這時坐火車的人們應該會有相當的感動。倘若這些礦坑及宿舍可部分的再利用，讓許多小學的小朋友來做一天

或兩天的礦工體驗，將會看到一群可愛的小礦工在芒草飄逸的路上高唱著礦工的歌曲，也許慢慢的會有親子來參加，漸漸的大家都來了解猴硐產業文化之美，並帶一塊屬於自己的煤礦回家，小小的一塊煤渣，代表著深邃的意涵。

7-1.5 結論與建議

　　猴硐地區原本為臺北邊陲的山區，甚至被彌猴所佔據，並非先有聚落才產生產業，是由礦業營造而成的新市鎮，卻也因礦業的凋零而造成地方的衰敗。在日本電影扶桑花女孩中，看到了礦區人民面對日漸凋零的礦業，自主自發的規畫社區的未來，描述 1965 年代即將沒落的日本東北常磐礦村，決定興建夏威夷度假村來振興經濟，招募當地礦工女兒們擔任度假村中表演的草裙舞女郎，還從東京重金禮聘舞蹈老師前來上課。儘管這項計畫遭到保守村民的反對，但在老師及女孩們的堅持下，最後終於成功地在寒冷北國創造出夏威夷奇蹟。在礦業盛產期猴硐人顯然並未察覺礦業即將衰敗，但現今的猴硐也並非一無所有，特有的空間本質造就猴硐變成大臺北地區山谷中的祕密基地，比起臺北城的現代與迅速，九份的擁擠與嘈雜，猴硐彎曲成拱的瑞山大橋並不亞於漁人碼頭的情人橋，頹敗的選煤廠代表著對過去的省思，在城市氾濫成災的基隆河，更顯的平靜溫馴而浪漫，藍藍的天，潔白的雲朵，幽靜的環境，清澈的溪流，新鮮純淨的空氣，空間中充滿浪漫與流動的對話，彷彿置身

在「金生金逝，煤完煤了」的地方享受著「金生金世，沒完沒了」的愛情。在當地鄰里及居住過的人來說，猴硐的每個景物都代表過去辛勤的回憶，也是凝聚感情的空間，不同的人來到這裡有著不同的感受，在猴硐品味過去採礦的那些日子裡的畫面都還是鮮活的，只是該用怎樣方式把那些時光重新組合呈現，讓人們重新站在猴硐橋上，再看一回瑞三王朝的日出和興衰卻是困難的。一般規畫方向都想把地方經濟化及商業化，與其要將猴硐像金九一樣的「被」商業化，使人們漸漸遺忘過去採礦的歷史，不如讓商業化融入猴硐地區，近年來攝影者不斷的拍攝下，與礦業無關的貓村興起，但卻也帶來商業化的行為，士林十全藥燉排骨、宜蘭蔥油餅、滷肉飯等大舉攻佔這個地方，商業的發展並非是不好的事，主要是必須由地方民眾自主的維護與經營，麥當勞及統一超商來到了猴硐就配合地方做成礦坑的意像又有何不可呢？如任何建設都能以地域為主要考量，要吸引觀光客前來，在地人要先熱愛自己的家鄉，尊重原有的環境，才能讓遊客感動，在此前提之下猴硐將有潛力成為最具特色的地區，依據調查猴硐遊客特性比例第一次來的近 60%，如何成功維護地方特色並永續經營，才是真正必須考量的願景。

圖 7-3：貓村的可愛圖案－2011 年攝

圖 7-4：貓村的可愛圖案－2011 年攝

圖 7-5：因貓而出現的告示牌－2011 年攝

圖 7-6：與地方無關的產業出現－2011 年攝

圖 7-7：與地方無關的食物－2011 年攝

圖 7-8：貓村提醒標語－2011 年攝

參考文獻

1. 王乃文（1983），夏朝雜誌－臺北縣地方壟斷勢力的分析，第一卷第 1 期。

2. 李建興（1968），治鑛五十年，中一印刷居股份有限公司。

3. 李建興先生紀念集編輯委員會編（1982），李建興先生紀念集。

4. 李玉芬（1989），臺灣北部山區的煤礦聚落及其居民的生活調適，師範大學地理所碩士論文。

5. 吳念真（1997），臺灣念真情，城邦出版社。

6. 仲摩照久（2002），北臺灣文史踏查，原民文化事業有限公司。

7. 林詩傑（1994），猴硐之地方研究，中原大學建築研究所碩士論文。

8. 柯一青（2008），21 世紀之交臺灣的社造論述形構，華梵大學建築研究所碩士論文。

9. 柯一青（2007），玩家經驗／北縣桃花源－猴硐質樸之美邂逅，今日新聞。

10. 建築師雜誌（2003），工業再生論，建築師雜誌。

11. 莊佩柔（2000），日治時期礦業發展與地方社會—以瑞芳地區為例（1895－1945），中央大學歷史研究所碩士。

12. 葉乃齊（1989），古蹟保存論述之形成—光復後臺灣古蹟保存運動，臺灣大學土木工程學研究所碩士論文。

13. 曹麗玲（2005），從社會組織與空間認知看—聚落行為與場所精神的關係，2005 華梵大學藝術設計學院設計與文化學術研討會論文集下冊。

14. 陳明通著（1995），派系政治與臺灣政治變遷，月旦出版社。

15. 陳章桂、周章淋（1989），猴硐探源—臺北縣瑞芳鎮猴硐地區鄉土尋根探源，臺北縣瑞芳鎮猴硐國民小學。

16. 陳慈玉（1997），北縣文化—日據時期的顏家與瑞芳礦業，第53期。

17. 黃清連（1995），黑金與黃金，臺北縣立文化中心。

18. 曾榮盛（1967），瑞芳煤礦工人家庭之調查研究，中國文化大學家政研究所碩士論文。

19. 程彩倫、陳婉芳（2001），給勞工看的臺灣史（一），高雄市勞工局。

20. 皓宇工程顧問股份有限公司（2004），臺北縣瑞芳風景特定區猴硐煤礦博物園區—環境整備計畫委託規畫設計案規畫報告，臺北縣政府建設局。

21. 瑞三鑛業股份有限公司（1974），瑞三鑛業股份有限公司創立四十週年特刊。

22. 瑞三鑛業股份有限公司（1984），瑞三鑛業股份有限公司創立五十週年特刊。

23. 義方居（李建興.李建川審定）（1974），義方李氏家乘，中一印刷居股份有限公司。

24. 臺灣礦業史編纂委員會編（1969），臺灣礦業史（下冊、續編），臺灣省礦業研究會/臺灣區煤礦業同業公會。

25. 臺灣銀行經濟研究室（1995），臺灣之煤礦。

26. 盧建宏（1994），臺灣礦城經濟結構變遷之比較研究—以臺北縣瑞芳鎮與雙溪鄉為例中國文化大學地學所碩士論文。

27. 戴寶村（張炎憲編，臺灣近代名人誌下）（1987），瑞芳礦業第一家—李建興。

28. 國立歷史博物館編輯委員會（1998），洪瑞麟素描集。

29. 臺灣煤礦博物館 www.coalminemuseum.idv.tw

30. 臺北縣瑞芳鎮公所網站 www.rueifang.tpc.tw

31. 中央氣象局網站 www.cwb.gov.tw

32. 財團法人臺大建築與城鄉研究發展基金會，1998，臺北縣瑞芳鎮猴硐煤礦歷史博物館規畫報告書

33. 行政院新聞局 www.publish.gio.gov.tw

34. 國立臺南藝術學院博物館學研究所
http：//mail.tnca.edu.tw/～museum/

35. 漢寶德回憶錄>
http：//club.ym.edu.tw/HuMedCamp/6th/no4/teacher2.htm

36. 基隆河之戀

http：//www.contest.edu.tw/85/endshow/1/keelong/his/chi5.htm

37. 李建興先生年譜

http：//jfps.tpc.edu.tw/gafn/016.htm

38. 臺灣「金三角」懷舊之旅

http：//www.traveltaiwan.com/c/ca821.htm

39. 106 運煤台車 http：//pin－shi.24cc.com/

1. 臺灣鐵道縱橫觀──行過鐵枝路

http：//library.taiwanschoolnet.org/cyberfair2002/
C0219100001/thru_railroad/pinxi.htm

網站及電視報導

國家圖書館出版品預行編目資料

猴硐的礦業資產研究：瑞芳區猴硐礦業文化產業環
境發展經營分析／柯一青著. ─初版.─臺中市：
白象文化，民 102.04
　　面；　公分
ISBN 978-986-5890-62-9（平裝）
1. 煤業 2. 煤礦 3. 產業發展 4. 新北市瑞芳區
486. 4　　　　　　　　　　　　　102005233

猴硐的礦業資產研究：瑞芳區猴硐礦業文化產業環境發展經營分析

作　　者　柯一青
校　　對　柯一青
發 行 人　張輝潭
出版發行　白象文化事業有限公司
　　　　　412台中市大里區科技路1號8樓之2（台中軟體園區）
　　　　　出版專線：（04）2496-5995　　傳真：（04）2496-9901
　　　　　401台中市東區和平街228巷44號（經銷部）
　　　　　購書專線：（04）2220-8589　　傳真：（04）2220-8505
出版編印　林榮威、陳逸儒、黃麗穎、水邊、陳婷婷、李婕、林金郎
設計創意　張禮南、何佳誼
經紀企劃　張輝潭、徐錦淳、林尉儒
經銷推廣　李莉吟、莊博亞、劉育姍、林政泓
行銷宣傳　黃姿虹、沈若瑜
營運管理　曾千熏、羅禎琳
印　　刷　普羅文化股份有限公司
初版一刷　2013 年 4 月
二版一刷　2019 年 10 月
二版二刷　2022 年 7 月
二版三刷　2023 年 12 月
定　　價　200 元

白象文化　印書小舖　出版・經銷・宣傳・設計
www·ElephantWhite·com·tw
自費出版的領導者　購書　白象文化生活館